看视频，一学就会的

花样面点

甘智荣 主编

江西科学技术出版社

江西·南昌

图书在版编目（ＣＩＰ）数据

看视频，一学就会的花样面点 / 甘智荣主编. -- 南昌 : 江西科学技术出版社，2018.10
ISBN 978-7-5390-6357-7

Ⅰ. ①看… Ⅱ. ①甘… Ⅲ. ①面食－制作 Ⅳ. ①TS972.13

中国版本图书馆CIP数据核字(2018)第097422号

选题序号：ZK2018206
图书代码：B18049-101
责任编辑：张旭 周楚倩

看视频，一学就会的花样面点
KANSHIPIN，YI XUE JIUHUI DE HUAYANG MIANDIAN

甘智荣　主编

摄影摄像	深圳市金版文化发展股份有限公司
选题策划	深圳市金版文化发展股份有限公司
封面设计	深圳市金版文化发展股份有限公司
出　　版	江西科学技术出版社
社　　址	南昌市蓼洲街2号附1号
	邮编：330009　电话：（0791）86623491　86639342（传真）
发　　行	全国新华书店
印　　刷	深圳市雅佳图印刷有限公司
开　　本	720mm×1020mm　1/16
字　　数	150 千字
印　　张	13
版　　次	2018年10月第1版　2018年10月第1次印刷
书　　号	ISBN 978-7-5390-6357-7
定　　价	39.80元

赣版权登字：-03-2018-142

北方人以面食为主食。东北的黏豆包，山东的大馒头，山西的刀削面，陕西的肉夹馍，河南的烩面，样样都是让人难以忘怀的美食。虽然南方人不以面食为主食，但也抗拒不了如此美味多样的面点，如馒头、包子、花卷、饺子、锅贴、煎饼、凉面、拌面、炸酱面等。除了中国传统的面点，西方的面点也受到广大食客的喜爱，如蛋挞、面包、水果派、慕斯、蛋糕、甜甜圈等，既有吸引人的卖相，也有香甜的味道。

在以前，只有拥有一双巧手，才能将简单的面粉做成如此多变的食物。而现在，只要拥有此书，就能成为面点小能手，直接学习面点师的技巧，把面粉玩出新花样。

本书首先介绍了面点的相关知识，包括一些面点的常用工具、面点的原料、面点的基础做法等，可以帮助读者顺利完成对面点的初步认识，为面点制作打好基础。还有发酵面团、冷水面团、烫面及温水面团等技巧方法。本书为读者提供了上百种中式面点的做法，如色彩、形状各异的馒头，款式多变的花卷、包子，更有全国各地的特色面点，如盒子、锅贴、饺子、馄饨、煎饼、糕点等，此外还有精美的西点。希望简单易操作的步骤介绍和烹饪技巧，可以让读者在家就可以轻松制作美味的面点。

好看又好吃的面点制作方式比家常菜肴要复杂得多，因此，本书为您提供了美味面点的制作视频，您只需要扫一扫二维码，即可链接高清烹饪视频，学做美味佳肴，既方便又实用。这么多款美味的面点，品种齐全，花样繁多，即使是新手，即便只挑选其中一部分来学习，也可提高厨艺，为生活增添乐趣。

Contents 目录

Part❶ 走进面食厨房

Part❷ 热气腾腾的馒头、花卷、发糕

Part ❸ 酥香可口的饼、盒子、锅贴

Part ❹ 薄皮大馅的饺子、馄饨、包子

Part❺ 筋道爽滑的汤面、拌面、炒面

Part⑥ 最具风味的点心、小吃

Part❼ 浓香松软的面包、蛋糕

走进面食厨房

俗话说，"巧妇难为无米之炊"。想要做一碗鲜香的打卤面，就得有好的卤料和面粉；想要蒸一锅蓬松可口的大馒头，就得靠小小的酵母来帮忙；面板、擀面杖、蒸锅、炒锅、电饼铛等工具也样样都不能少。

和面是面食制作的第一步，跟着高级面点师学会和出"三光"面团，触类旁通，你就能制作各色各样的面团。

小小的厨房总能创造出大大的奇迹，本章就让我们一起来认识面食厨房里的常用工具和原料，和出好面团吧！

面食制作的常用工具

"工欲善其事，必先利其器"。要做出美味的面食，除了需要一双巧手，还得有各种好用的工具才行。下面我们就来认识一下制作面食会用到哪些工具。

面板

又可称为案板。常见的面板有木制、竹制、塑料制等，用于切面团、切菜、擀皮。

擀面杖

擀面杖是制作皮坯时不可缺少的工具，主要用于擀制面条、面皮等。要求木质结实、表面光滑，具体长度可根据需要选定。

和面盆

和面时必不可少的工具之一。建议选择不锈钢材质的和面盆，既耐用又方便清洗。

刮板

主要用于调制面团、分割面团和清理案板。它是由塑胶、铜或不锈钢制成的，有半圆形、梯形、长方形等。用橡皮刮刀搅拌加入面粉中的材料时，注意要用切拌的方法，以免面粉出筋。

蒸锅

不锈钢蒸锅具有容量大、易清洗的特点。此外，多功能蒸锅的锅盖弧度设计合理，可有效防止盖顶水珠直接滴落于食物上，适用于制作馒头、花卷、包子等发酵类面食。

蒸笼

竹制蒸笼因蒸汽不倒流的优点而被广泛接受，是蒸笼材质的首选。其需要配合相同尺寸的锅具，用于蒸制馒头、包子类面食。

纱布

在蒸面食时，为了防止成品粘连在蒸屉上，将纱布放在其底部使用。

电饼铛

电饼铛使用灵活方便，上下两面同时加热，可以不用调火力、不需要翻面，适用于需要快速烤、烙、煎的食品。

平底锅

烙、煎、炒等常用的锅具，适用于制作薄饼类、水煎类食品。

模具

木制面点模具，可制作出浮雕效果的花样面点，常见的有月饼模、馒头模、发糕模具等。

帘子

用于放置馒头、包子、饺子、馄饨等生坯，具有透气性和不粘连的优点。

电子秤

用于面点原料以及面点成品的称量，其称重范围一般是 1 ~ 8 千克，最小刻度为 5 克。只有合适的分量，才能做出完美的面点，所以在选择电子秤的时候要挑灵敏度高的。

量勺

面食配方中最常见的就是几分之几大勺或者小勺，量勺用于称量少量的粉类或液体，非常方便实用。量勺的规格一般是 1 大勺、1/2 大勺、1 小勺、1/2 小勺、1/4 小勺和 1/8 小勺。

榨汁机

用于榨取各种水果汁、蔬菜汁，以做出色彩丰富的面团。

认识面食制作的原料

　　面粉是面食最基本的原料，不同的面粉有不同的特质。高筋面粉的蛋白质高，适合做面条；低筋面粉容易抓团，适合做饼干。除了面粉、牛奶、白糖、酵母外，为了给面食增加一些营养，还可以加入五谷杂粮粉。

高筋面粉

高筋面粉又称强筋面粉，其蛋白质和面筋含量高，蛋白质含量为 12% ~ 15%。高筋面粉颜色较深，本身较有活性且光滑，手抓不易成团状，常用来制作具有弹性与嚼感的面包、面条等。

中筋面粉

中筋面粉即普通面粉，其蛋白质和面筋含量中等，蛋白质含量为 8% ~ 10%。适用于各种家常面食，如馒头、包子、面条等。本书中如果没有特殊说明，凡是使用"面粉"处均指中筋面粉。

低筋面粉

低筋面粉又称弱筋面粉，其蛋白质和面筋含量低，蛋白质含量为 7% ~ 9%。通常用来制作蛋糕、饼干、小西饼点心、酥皮类点心等。

杂粮粉

常见的杂粮粉有玉米粉、黄豆粉、黑豆粉、荞麦粉等。这些杂粮粉富含淀粉、蛋白质等多种营养成分，可与面粉搭配，制作出口味不同的丰富食品。

酵母

酵母不含或含少量杂菌，发酵力强，所需时间短，不会产生酸味，所以不需加碱中和，是首选的发酵原料。酵母有液体鲜酵母、压榨鲜酵母、活性干酵母三种。

泡打粉

泡打粉是一种复合膨松剂，又称为发泡粉和发酵粉，是由苏打粉配合其他酸性材料，并以玉米粉为填充剂的白色粉末，主要用于面制品的快速发酵，如制作蛋糕、发糕、包子、馒头、酥饼、面包等。

牛奶

牛奶可代替水来和面。用牛奶调制出的面团更加洁白松软，营养也更加丰富。

细砂糖

在面粉里加入少量细砂糖，能辅助面团发酵。细砂糖也是西点的主要材料，不仅可以增加甜度，还可以帮助打发的全蛋或者蛋白更持久地形成浓稠的泡沫状，能使糕点的组织柔软细致，并可使糕点保湿及延长面点的保存时间。

鸡蛋

鸡蛋含有丰富的营养成分，在面粉中加入鸡蛋，不仅能调色，还可以使和出来的面更筋道。在蛋糕的制作中，鸡蛋起着最主要的起泡剂的作用，如果没有鸡蛋，蛋糕油加得再多也无法制作出合格的蛋糕。

手把手教你和出好面团

和面是面食制作中第一道工序，也是非常重要的一个环节。面和得好坏，直接影响食品的口感，还关系到面点制作中各工序能否顺利进行。下面我们来介绍和面的方法及不同种类的面团制作要领。

如何和面团

好的面团以"三光"为标准，即面光、盆光、手光。要想和出三光面团，配比一定要准确，操作一定要精细。

制作方法

1.将面粉放入和面盆中，遵循渐渐加水的原则，将水绕圈倒入面粉中。

2.边倒边用筷子搅拌，直至面粉变成穗状。

3.用手将盆内的面穗揉成完整的面团，边揉边将粘在手上和盆上的干面粉揉至面团中。

4.一只手扶面盆边沿，一只手握成拳头使劲揉压面团，直至面团柔软光滑。

冷水面团的制作

　　冷水面团就是我们常说的"死面"，是指用30℃以下的水与面粉直接拌和、揉搓而成的面团。

　　冷水面团结构紧密、韧性强、延伸性好、拉力大，做出的成品色白、爽口、筋道，不易破碎。常用作水饺、面条、馄饨等。

　　调制冷水面团时加水量要恰当，在保证成品软硬合适的前提下，根据制品温度、湿度和面粉的含水量等灵活掌握并加以调整。水温要适当，必须用低于30℃的水调制。

　　调制冷水面团时还需注意揉搓的力度，面筋网络的形成依赖揉搓的力量。揉搓力度适当可促使面筋较多地吸收水分，从而产生较好的延伸性和可塑性。

　　最后需要静置饧面，使面团中未吸足水分的粉粒有一个充分吸收的时间，面团就不会再有白粉粒，从而变得柔软滋润、光滑、具有弹性。一般放置10～15分钟，也有30分钟左右的。饧面时必须加盖湿布或保鲜膜，以免风吹后面团表皮干燥，出现结皮现象。

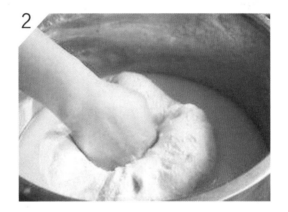

热水面团的制作

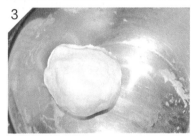

热水面团就是我们常说的烫面面团，指用 70℃以上的水与面粉拌和、揉搓而成的面团。

热水面团色暗、无光泽，可塑性好，韧性差，成品细腻、软糯，易于消化吸收。常用作蒸饺、烧卖、韭菜盒子等。

调制热水面团时水要浇匀，一边浇水，一边用擀面杖（或筷子）进行搅拌；搅匀后要散尽热气，否则热气留在面团中，制成的制品不但容易结皮，而且表面粗糙、开裂；加水要准确，该加多少水，在和面时要一次加足，不能成团后再调整；揉面时揉匀揉光即可，多揉则生筋，失去了热水面团的特性。

温水面团的制作

温水面团是指用 50～60℃的水与面粉直接拌和、揉搓而成的面团；或者是指用一部分沸水先将面粉调成雪花面，再淋上冷水拌和、揉搓而成的面团。

温水面团色较白，筋度较强，柔软，有一定韧性，可塑性强，成品较柔糯，成熟过程中不易走样。常用作花样蒸饺、春卷、葱油饼等。

发面面团的制作

发面面团是指水加入酵母和面制成的面团，适合做馒头、花卷、发糕和包子。

调制发面面团的酵母温度不宜太高，否则会影响发酵效果。酵母比较理想的温度是28℃左右。

发酵好的面团一般会涨至 2 ~ 2.5 倍大，可用筷子稍蘸面粉，插入面团中，然后拔出（如图）。当筷子拔出后，如果小洞没有发生变化，不反弹、不塌陷，说明发酵已经完成；如果小洞迅速缩小，说明发酵还不充分；如果小洞还在，但因为气体被排出，面团表面起皱，则说明发酵过度了。

蔬菜面团的制作

用蔬菜汁代替水来和面，制作出的面团叫做蔬菜面团，可以用来做花卷、水饺和面条。

制作方法与普通面团没有太大区别：

1. 将洗好的蔬菜榨橙汁，待用。
2. 面粉中倒入蔬菜汁。
3. 将面粉与蔬菜汁混合均匀。
4. 揉成光滑的面团，用保鲜膜包好，发酵约 1 小时。
5. 取出面团擀成薄面片，均匀撒上面粉，对折好。
6. 切成细面条即可。

1

2

3

4

5

3

油酥面团的制作

油酥面团是指用油脂、水和面粉调成而不经发酵的一种面团。油酥面团可分为水油酥和干油酥两种。

油酥面团体积蓬松、色泽美观，成品营养丰富、口味酥香，适于做比较精细的点心，常见的有黄桥烧饼、花式酥点、方式月饼等。

调制干油酥时，需要反复进行"擦"，增加油脂颗粒和面粉颗粒的接触面，使油与面粉颗粒结合紧密，形成"团状"。干油酥一般用作油酥制品的芯子。调制水油酥时，要注意配料的比例，通常 500 克面粉掺油与水 300 毫升，其中油占三分之一（100 毫升），水占三分之二（200 毫升）。水油酥一般用作油酥制品的外皮。

杂粮面团的制作

面粉中加入小米、玉米、高粱等杂粮粉制成的面团。杂粮粉中含有丰富的膳食纤维，不仅可以补充人体需要的维生素，而且对中风、高血糖、糖尿病和便秘等都有一定的预防作用。

制作方法：
1. 面粉中加入适量的杂粮粉，倒入水，搅拌成穗状。（杂粮粉的用量一般为面粉的50% 左右）
2. 将面穗揉成面团，盖上保鲜膜发酵约 1 小时即可。

Part 2

热气腾腾的 馒头、花卷、发糕

馒头是北方人餐桌上的必备主食，随着生活水平的提高，现在的馒头也不再是只有单一口味的白馒头，我们不仅可以在色彩上大做文章，还可以增加丰富的用料，改变馒头的造型。

馒头是发酵面食中最基本的成品之一，由此延伸，可以制作出造型多变的花卷及其他的发酵面食。掌握了发面、擀面、成形、蒸制的方法，就能创造出不同造型和口感的馒头、花卷、发糕，都是最简单的家常美味。

不可不知的发面技巧

面点制作的一大重点就是发面，发面是很讲究技巧性的工序，下面就介绍一下发面的四大技巧。

1. 水和面粉的比例

面粉、水量的比例对发面很重要。制作发酵面团时，水和面粉的合适比例约为1∶2，也就是 500 克面粉的水量不能低于 250 毫升。如果是牛奶，可以适量多加10 ～ 20 毫升，效果会更好。

2. 面团发酵的时间

一般配方里的发酵时间是指导值，要根据面团的体积增大量和通过触摸来判断是否发酵到位。

除了依据发酵时间来看体积是否膨胀了 2~2.5 倍，同时要看面团的状态，看面团表面是否比较光滑和细腻。也可检测面团，具体方法是：食指沾些干面粉，然后插入到面团中心，抽出手指。如果凹孔很稳定，并且收缩很缓慢，表明发酵完成；如果凹孔收缩速度很快，说明还没有发酵好，需要再继续发酵；如果抽出后，凹孔的周围也连带很快塌陷，说明发酵过度，一般发酵过度的面团从外观看表面就没有那么光滑和细腻。

发酵过度的面团虽然也可以使用，但是做出的馒头口感粗糙，形状也不均匀和挺实。可以分割后冷冻保存，在下次制作面团时当做酵头加入面粉中促进发酵。

3. 面团发酵的温度控制

酵母一般在 5 ～ 40℃活动。4℃以下停止活动，60℃以上死亡。35~40℃是其最活跃的温度。但是一般来说，一次发酵时的面团的临界温度要控制在 28℃以下，室温也要控制在维持面团温度的室温，一般为 28℃，不超过 30℃。二次发酵室温控制在 34~36℃，如果温度过高，乳酸菌、醋酸菌会大量繁殖，从而使酵母菌的繁殖受到抑制，引起面团发酸。

由于酵母的活性会随温度的变化而改变，所以在发酵过程中用来和面的液体温度和发酵的环境温度最好以不超过 30℃为宜。夏季气温高可用冷水搅拌，冬天气温低可用温水搅拌。

4. 冬天面团发酵小窍门

①面团揉好后，放入盆中，加盖子，或用保鲜膜盖好。

②烤箱预热到 40℃，下层放一碗开水，上面放一烤网，将装有面团的盆放在烤网上，30 分钟后将碗中的水加热一下，再放进去以维持温度。

麦香馒头

〖原料〗低筋面粉 630 克，全麦粉 120 克，酵母 7.5 克，泡打粉 13 克，
水 300 毫升

〖调料〗细砂糖 150 克，猪油 40 克

〖做法〗

1. 在低筋面粉中放入全麦粉、细砂糖、泡打粉、酵母、水，搅拌均匀。

2. 加入猪油，慢慢揉匀成面团。

3. 用擀面杖将面团擀平。

4. 将面皮从一端开始卷起，然后揉成长条状，切成 3 厘米长的段。

5. 放入蒸笼，饧发约 1 小时。

6. 把蒸笼放入烧开的蒸锅中，用大火蒸 5 分钟至熟，关火 3 分钟后取出即可。

美味小叮咛

如果是用不锈钢的锅来蒸，锅盖一定不要盖得太严实，太严实会影响馒头的膨胀。这个时候可以在锅盖和锅沿之间放上两根牙签，这样蒸出来的馒头外表更加蓬松，吃起来也更加松软可口。

菠汁馒头

【原料】面粉 500 克，酵母 5 克，泡打粉 5 克，菠菜汁 250 毫升

【调料】细砂糖 50 克，食用油适量

【做法】

1. 面粉倒入细砂糖、泡打粉拌匀。

2. 将酵母盛入碗中，加入少许面粉和清水搅拌均匀。

3. 将菠菜汁、活化的酵母倒入步骤 1 中，揉成面团。

4. 将面团擀平，对折再擀平，反复操作 3 次，卷起切块，做成馒头生胚。

5. 将生胚放入刷油的蒸盘中，饧发约 30 分钟。

6. 放入蒸锅中，大火烧开，转小火蒸 15 分钟，关火 3 分钟后开盖取出。

美味小叮咛

馒头生胚饧发时，可观察馒头的体积，若馒头生胚的体积膨胀至原来的 1.5 倍，则说明已经发酵好；馒头生胚在排入蒸笼时，要间隔一定的空间，不要排得太满，否则馒头就没有膨胀的空间了。

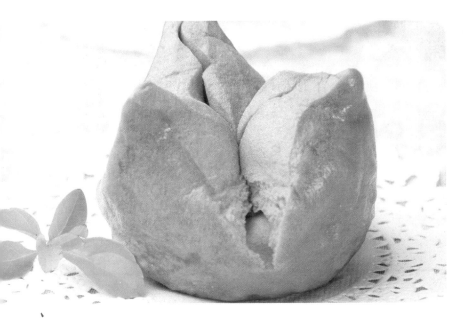

红糖馒头

【原料】低筋面粉 500 克，红糖 150 克，泡打粉 5 克，酵母 5 克

【做法】

1. 锅中注适量清水烧开，倒入红糖，煮成红糖水。

2. 把低筋面粉倒在案台上，用刮板开窝，加入泡打粉，混合均匀。

3. 将酵母倒入窝中，加少许红糖水，混合成面糊。

4. 将面糊揉搓成面团，把面团装入碗中，用保鲜膜封好，发酵 1 小时后，取适量面团置于案台上，搓成长条状，揪成数个大小均等的剂子。

5. 将剂子压扁，用擀面杖将剂子擀成圆饼状，捏成三角包状，向中心聚拢，捏成橄榄状，制成生胚。

6. 生胚各粘上一张包底纸，放入烧开的蒸锅，加盖，大火蒸 8 分钟至熟即可。

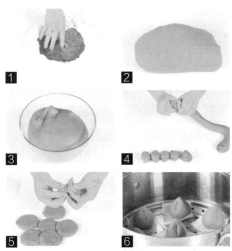

美味小叮咛

蒸锅烧开后再放入生胚，蒸出来的馒头更富有弹性，吃起来香甜可口。

奶香馒头

【原料】面粉 500 克，奶粉 20 克，酵母 5 克，泡打粉 5 克

【调料】白糖 70 克，食用油适量

【做法】

1. 在面粉中加入酵母、泡打粉、奶粉、白糖和适量清水拌匀。

2. 将面粉揉搓成光滑、有弹性的面团。

3. 取部分面团，将面团擀成面片，对折用擀面杖擀平，反复操作 2 ~ 3 次，使面片均匀、光滑，把面片卷起来。

4. 将面团搓成均匀的长条，然后用刀切成数个大小相同的馒头生胚。

5. 取干净的蒸盘，刷上一层食用油，放上馒头生胚，把馒头生胚放入水温为 30℃的蒸锅中，盖上盖，发酵 30 分钟，待馒头生胚发酵好，用大火蒸 8 分钟，揭开锅盖，把蒸好的馒头取出，放入蒸笼中即可。

美味小叮咛

水少面多，揉出来的面团很硬；水多面少，发出来的面团就会很软，成品的口感非常差。

开花馒头

【原料】面粉 385 克，熟紫薯片 80 克，熟南瓜块 100 克，菠菜汁 50 毫升，酵母粉 15 克

【做法】

1. 取 110 克面粉，放入适量酵母粉、菠菜汁，拌匀，揉成菠菜面团，发酵 2 个小时。另取一个碗，倒入 230 克面粉、酵母粉、清水，搅拌，揉搓制成面团，发酵 2 个小时。

2. 把南瓜、紫薯分别装入保鲜袋内，压成泥。取出部分面团放入紫薯泥，充分揉匀，制成紫薯面团。以同样的方法制作南瓜面团。

3. 将菠菜面团揉成长条，分成四个大小均等的剂子，压扁，擀成面皮。紫薯和南瓜面团以同样的方式处理。

4. 将菠菜面皮卷成一团，用南瓜面皮将其包住，再将紫薯面皮包在最外层。将口捏紧，在光滑的顶部切上"十"字花刀。

5. 放入蒸锅中蒸 15 分钟即可。

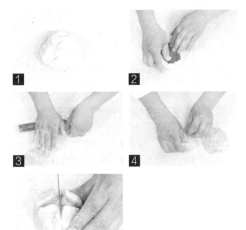

美味小叮咛

开花馒头对面团的要求较高，因此揉面时要多揉十几分钟，将面揉透，这样蒸出来的馒头会更光润。

南瓜馒头

【原料】低筋面粉 500 克，熟南瓜 200 克，酵母 5 克

【调料】白糖 50 克，食用油适量

【做法】

1. 在面粉中加入酵母、白糖、南瓜，拌匀至南瓜成泥状，加入清水反复揉搓，制成南瓜面团，饧发约 10 分钟。

2. 取南瓜面团揉搓成长条，切段制成生胚。

3. 蒸盘刷上食用油，再摆放好馒头生胚。

4. 放入蒸锅中发酵约 60 分钟，发酵好后大火烧开，转小火蒸 15 分钟。

5. 关火 3 分钟后，取出蒸好的南瓜馒头即可。

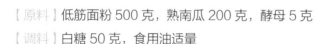

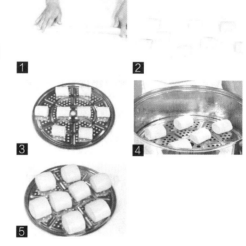

 美味小叮咛

制作南瓜前，最好将其表皮去除干净，这样拌好的南瓜面团才更纯滑。

双色馒头

【原料】低筋面粉 1000 克，酵母 10 克，熟南瓜 200 克

【调料】白糖 100 克，食用油适量

【做法】

1. 取 500 克面粉、5 克酵母，混合均匀。用刮板开窝，放入 50 克白糖，再分数次倒入少许清水。

2. 混合均匀，搓揉一会儿，至面团纯滑。

3. 取余下的面粉、酵母，加入 50 克白糖，倒入熟南瓜，搅拌均匀，至南瓜成泥状，将面团反复揉搓，至面团光滑。

4. 取白色面团和南瓜面团，分别擀平、擀匀，备用，把南瓜面团叠在白色面团上，压紧，揉搓成面卷。

5. 将面卷切成数个均等大小的剂子，即成馒头生胚。

6. 把生胚放入蒸笼内，发酵 20 分钟，大火烧开后转中火蒸 10 分钟即可。

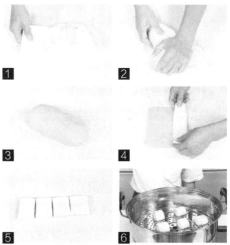

美味小叮咛

双色馒头不用局限于熟南瓜，也可以是抹茶粉、咖啡粉、墨鱼粉，或者是蔬菜中的胡萝卜、火龙果、甜菜等，排除人工色素，让自制馒头增色添味，更具乐趣。

可爱的小白兔

【原料】中筋面粉 300 克，酵母 4 克，豆沙馅 200 克，红曲粉少许，
　　　　白糖 3 克，巧克力笔 1 支

【做法】

1. 将 250 克面粉、酵母、白糖和水混合，揉成光滑的面团。取出一小部分面团加入红曲粉，揉成光滑的红色面团。

2. 取出部分白面团，做成兔耳朵。其余的白面团搓成长团，然后制成 2 个等份的圆形饼片。

3. 在饼片上放入适量的豆沙馅，包好，收口朝下，盖上保鲜膜。

4. 把做好的兔耳朵用水黏在兔头上，将红色面团做成小耳朵和蝴蝶结。

5. 用清水把兔耳朵、蝴蝶结黏好，放入冷水锅中蒸 12 分钟。

6. 取出蒸好的小兔包，用巧克力笔画上眼睛和嘴巴即可。

孜然鸡蛋馒头

【原料】馒头 100 克，鸡蛋 1 个

【调料】黑胡椒 5 克，孜然粉 7 克，盐、食用油各适量

【做法】

1. 把馒头切厚片，再切粗条，改切成丁。

2. 取一个大碗，打入鸡蛋，加入少许盐、黑胡椒、孜然粉，搅匀。倒入馒头丁，混合均匀，备用。

3. 锅中注入适量食用油，烧至五成热，倒入馒头丁，搅匀，炸至金黄色。

4. 将馒头捞出，装入盘中，撒上少许孜然粉即可。

美味小叮咛

炸好的馒头要沥干油，味道才会好。

旺仔小馒头

【原料】玉米淀粉 130 克，低筋面粉 20 克，泡打粉 3 克，鸡蛋 2 个，牛奶 30 毫升，奶粉 20 克

【调料】糖粉 30 克

【做法】

1. 把玉米淀粉倒在案台上，加入低筋面粉、奶粉、泡打粉，用刮板开窝，倒入糖粉、鸡蛋，用刮板搅散，加入牛奶，搅匀，将上述材料混合均匀，揉搓成纯滑的面团，再搓成条。

2. 取适量面团，搓成细长条，用刮板切成数个小剂子。把剂子搓圆，制成小馒头生胚。

3. 把小馒头生胚放入铺有高温布的烤盘中。将烤盘放入烤箱，以上火160℃、下火 160℃烤 15 分钟至熟。

4. 取出烤好的小馒头，装入盘中即可。

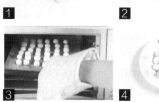

美味小叮咛

小馒头在烤盘里要留出足够的间隙，以免烤好后粘在一起。

黄油烤馒头片

【原料】白馒头 150 克，溶化的黄油 15 克

【做法】

1. 将白馒头切成片，待用。

2. 在烧烤架上刷适量黄油，将切好的馒头片放在烧烤架上，用小火烤 3 分钟至上色。

3. 翻面，再均匀地刷上适量黄油。

4. 用小火烤 1 分钟即可。

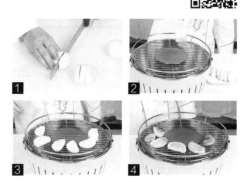

美味小叮咛

如果喜欢焦脆的味道可以多烤一会。

腐乳汁烤馒头片

【原料】馒头 150 克，腐乳汁 60 克，熟白芝麻 30 克

【调料】食用油适量

【做法】

1. 馒头切厚片，待用。

2. 烤盘铺上锡纸，放上馒头片，两面分别刷上食用油、腐乳汁，撒上白芝麻。

3. 取烤箱，放入烤盘，关好箱门，将上火温度调至 180℃，选择"双管发热"功能，再将下火温度调至 200℃，烤 15 分钟至馒头片熟。

4. 打开箱门，取出烤盘，将烤好的馒头片装入盘中即可。

美味小叮咛

烤盘一定要刷上厚厚的油，这样烤出来的馒头片才会外酥内软。

鸡蛋炸馒头片

【原料】馒头 85 克，蛋液 100 克

【调料】食用油适量

【做法】

1. 把馒头切成厚度均匀的片状。

2. 将蛋液搅散调匀。

3. 煎锅置于火上烧热，淋入食用油。

4. 将馒头片裹上鸡蛋液，放入煎锅中。

5. 用小火煎至两面呈金黄色即可。

美味小叮咛

在选用馒头时，最好用隔夜的馒头，这样会比较好切，切出的馒头片也比较好看；如果喜欢微酸的味道，可以在蛋液中淋入少许白醋，这样可以降低鸡蛋的腥味，也可以防止鸡蛋受热氧化而表面变黑。

葱油花卷

【原料】面粉 500 克，酵母 4 克，葱花适量

【调料】盐 1 小匙，食用油适量

【做法】

1. 酵母用温水化开，加入面粉，揉成面团，盖上保鲜膜发酵。

2. 面团发酵好后，将其反复揉搓、排气至光滑。

3. 将面团擀成长方形面片，抹上油，撒上盐、葱花，卷起切成等长的剂子。

4. 用筷子在剂子中间压凹痕，沿线对折，捏两端，扭 S 形向内对折捏紧，拧成生胚。

5. 大火烧开蒸 15 分钟至熟即可。

美味小叮咛

和面的清水可以换成牛奶，会更美味。可以把葱花在油锅里小火炸一下，这样葱油的味道会更加浓郁。

豆沙花卷

【原料】面粉 500 克，奶粉 20 克，酵母 5 克，豆沙 50 克

【调料】细砂糖 70 克，食用油适量

【做法】

1. 酵母用温水化开，放入面粉中，加奶粉、细砂糖揉成面团发酵。

2. 将发酵好的面团擀成片，抹上豆沙后，卷起切段。

3. 用筷子在剂子中间压凹痕，沿线对折，捏两端，扭 S 形向内对折捏紧，拧成生胚，再饧发 20 分钟。

4. 大火烧开转小火蒸 15 分钟即可。

美味小叮咛

在剂子上压出的凹痕不宜太深，以免制作出来的形状不美观。

甘笋花卷

【原料】低筋面粉 500 克，胡萝卜汁 150 毫升，泡打粉 7 克，酵母 5 克，葱花 30 克，碱水少许

【调料】白糖 100 克

【做法】

1. 把低筋面粉倒在案台上，用刮板开窝，将泡打粉倒在面粉上，把白糖倒入窝中。酵母加少许胡萝卜汁，调匀，再倒入窝中，分数次加入少许胡萝卜汁，混合均匀。揉搓成面团。

2. 葱花装入碗中，加少许碱水，拌匀，取适量面团压扁，擀成大张的面皮。

3. 将面皮两端切齐整，把葱花铺在面皮上，横向将面皮两边向中间对折。用刀切数个大小均等的剂子。

4. 用筷子压在剂子中间，扭成 S 形，制成花卷生胚。生胚粘上包底纸，装入蒸笼里，发酵至 2 倍大。

5. 把发酵好的生胚放入烧开的蒸锅，加盖，大火蒸 8 分钟即可。

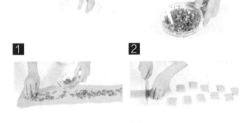

美味小叮咛

加少许碱水可以调节面皮的软硬度，使蒸好的花卷有更酥松软绵的口感。

螺旋葱花卷

【原料】低筋面粉、泡打粉、酵母、甘笋汁、猪肉末、葱末、马蹄碎
各适量

【调料】细砂糖、盐、芝麻油各适量

【做法】

1. 低筋面粉加泡打粉、酵母、细砂糖、
水拌匀，揉成面团。

2. 松弛后分成两份，其中一份加甘笋汁
搓透。

3. 将两份面团擀薄成薄皮，然后将两份
薄皮重叠。

4. 再卷成长条，切成若干个，再擀薄
成圆皮状。

5. 猪肉末加马蹄碎、葱末、盐、芝麻油
拌匀，入面皮包好，蒸熟。

美味小叮咛

制作这款花卷时，擀面皮是一个很重要的环节，最好将面皮擀成 5 毫米厚左右，这样做出的花
卷容易发酵，口感也会更好；马蹄在清洗过后，注意沥干水分，避免在入馅时出水太多。

川味花卷

【原料】面粉 250 克，酵母 3 克，花生米 30 克

【调料】盐 3 克，辣椒粉 15 克，食用油适量

【做法】

1. 面粉中加入酵母揉成面团，发酵约 1 小时。

2. 将面团擀成一张厚度约为 0.3 厘米的长方形面皮。

3. 花生米炒熟，搓去外皮，压成小粒备用。

4. 在面皮上抹适量的油，撒上盐、辣椒粉、花生碎粒。

5. 将面皮由上向下卷起，卷好的长条用刀切成等长的剂子。

6. 用筷子在剂子中间压凹痕，沿线对折，捏两端，扭 S 形向内对折捏紧，制成生胚，再饧发 20 分钟。

7. 放入蒸锅，大火烧开转小火蒸 15 分钟即可。

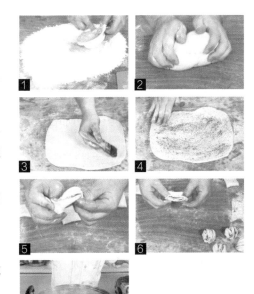

双色卷

【原料】低筋面粉 1000 克，酵母 10 克，熟南瓜 200 克

【调料】细砂糖 100 克，食用油适量

【做法】

1. 500 克面粉加 5 克酵母、50 克细砂糖、水，揉成白色面团后静置约 10 分钟。余下的面粉、酵母、细砂糖加水、熟南瓜，揉成南瓜面团后静置 10 分钟。

2. 将面团擀平。将南瓜面片叠在白色面片上，再次擀平。

3. 对折两次，分 4 份；压凹痕后扭 S 形，捏紧。

4. 将双色卷生胚放入刷有油的蒸盘，饧发好后蒸熟即可。

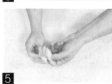

美味小叮咛

揉面时如果把握不好水的用量，可以分几次加入清水，这样更容易控制面团的软硬度。

蔬菜杂粮卷

【原料】低筋面粉 630 克，全麦粉 120 克，泡打粉 13 克，水 300 毫升，酵母 7.5 克，猪油 40 克，韭黄末 20 克，胡萝卜末 20 克，香菇末 5 克

【调料】细砂糖 150 克，盐少许，食用油适量

【做法】

1. 低筋面粉加全麦粉、泡打粉、细砂糖、酵母、水、猪油，揉成面团发酵。

2. 将发酵好的面团擀平，抹油，撒上韭黄末、香菇末、胡萝卜末、盐后卷起，搓成条后切段。

3. 用筷子在剂子中间压凹痕，沿线对折，捏两端，扭 S 形向内对折捏紧，拧成花卷生胚，再饧发 20 分钟。

4. 大火烧开转小火蒸 15 分钟即可。

美味小叮咛

放盐的原因是在少放糖的同时又不减甜味，少吃糖对身体有好处。

葱香南乳花卷

【原料】低筋面粉 500 克，泡打粉 8 克，水 200 毫升，猪油 5 克，
酵母 5 克，南乳 10 克，葱花适量，黄油适量

【调料】细砂糖 100 克，盐少许

【做法】

1. 将低筋面粉、细砂糖、酵母、泡打粉倒入低筋面粉中，拌匀，按压揉匀成形，再将猪油放到中间，揉成面团。

2. 取适量大小面团一分为二，用擀面杖擀平，用刮板取适量黄油，刮在面皮上。

3. 在面皮上放入适量的南乳，撒上适量的盐，将葱花平铺在面皮上，将面折叠，切成片状，在面片中间切一刀。

4. 将两头捏合，扭成麻花状，将一头穿过中间的孔，制成葱香南乳花卷生胚，放在包底纸上，入蒸笼，自然发酵 40 分钟。

5. 将葱香南乳花卷生胚放入蒸锅中加盖，大火蒸 4 分钟至熟，将蒸好的葱香南乳花卷取出，装盘即可。

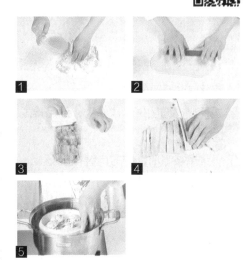

美味小叮咛

放到盘内发酵的时候，可以洒点水，增加湿度。

腊肠卷

【原料】低筋面粉 250 克，酵母 3 克，泡打粉 3 克，腊肠半根

【调料】细砂糖 15 克

【做法】

1. 将低筋面粉、酵母、泡打粉加水混合，揉成面团并发酵。

2. 发酵好的面团排气揉光滑，然后揉成均匀的细条。

3. 将细条按顺时针的方向缠在腊肠上，直至完全包住。

4. 做好的生胚饧发 15 分钟，上锅蒸熟即可。

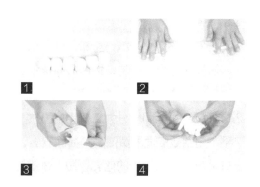

美味小叮咛

在制作这款腊肠卷时，最好选用带甜味的腊肠，这样味道较好；在卷面团的时候，要注意力道，轻轻地卷起来，不要太用力，否则面团容易被弄破，影响面团的造型，也会影响口感。

花生卷

【原料】低筋面粉 500 克，酵母 5 克，花生末 30 克

【调料】白糖 50 克，花生酱 20 克，食用油适量

【做法】

1. 将面粉、酵母、白糖和适量的水混合拌匀，揉成光滑面团，放入保鲜袋中，饧发约 10 分钟后，揉搓成长条，压扁，擀成面皮。

2. 将面皮修成正方形，刷上一层食用油，均匀地抹上花生酱，再撒上花生末，对折，压平，再分成四个均等的面皮，将面皮对折，拉长，捏紧两端，扭转成螺纹形，将两端合起来、捏紧。依此做完余下的面皮，制成花生卷生胚。

3. 在蒸盘上刷一层食用油，摆放上花生卷生胚，盖上盖，饧发 1 小时。

4. 打开火，水烧开后再用大火蒸约 10 分钟，至花生卷熟透，关火后揭开锅盖，取出蒸好的花生卷，装在盘中，摆好即成。

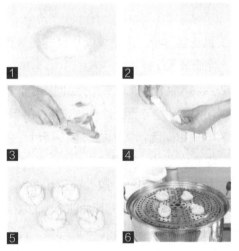

美味小叮咛

制作花卷时，要掌控好扭花卷的力度，这样扭成的螺纹形状才美观。

葱花肉卷

【原料】低筋面粉 500 克，酵母 5 克，肉末 120 克，葱花少许

【调料】白糖 50 克，盐 2 克，鸡粉 2 克，老抽、料酒、生抽、食用油各少许

【做法】

1. 面粉加酵母、白糖、清水揉成光滑面团，放入保鲜袋中，饧发约 10 分钟。

2. 用油起锅，倒入肉末，炒至肉质松散，加入调料炒匀至熟透，制成馅料，待用。

3. 取适量面团，揉搓成长条，压扁，将边缘修整齐，切成方形面皮。在面皮上抹一层食用油，放入馅料和葱花。把面皮对折两次，分切成四个小面块。

4. 取一个小面块，压上一道凹痕，捏紧两端，沿凹痕拉长，扭成 S 形，把两端捏在一起，即成肉卷生胚。

5. 把肉卷生胚放入蒸锅中，饧发 1 小时后，用大火蒸约 10 分钟，至肉卷熟透即可。

美味小叮咛

面皮对折时要压得紧一些，这样制作花卷时才不易被拉裂开。

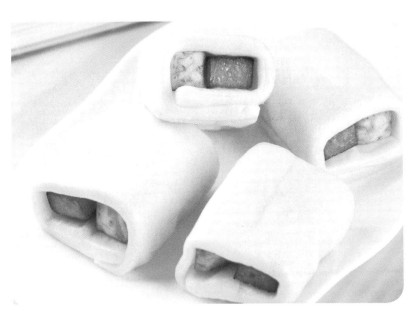

火腿香芋卷

【原料】低筋面粉 500 克，酵母 5 克，火腿条 100 克，香芋条 100 克

【调料】细砂糖 50 克，食用油适量

【做法】

1. 低筋面粉加酵母、细砂糖、水揉成面团，加盖保鲜膜静置发酵 20 分钟。

2. 起油锅，倒入香芋条炸熟，沥干油；再放入火腿条炸香，沥干油。

3. 将面团压扁，擀成面皮。把香芋条和火腿条放在面片上，卷起搓成条后，包紧切段。

4. 将切好的剂子摆放在蒸盘上饧发 20 分钟，放入蒸锅中大火蒸熟即可。

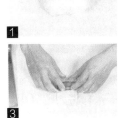

美味小叮咛

蒸火腿香芋卷的时候，最好冷水上锅，先大火煮沸再转小火蒸 5 分钟，焖 5 分钟后再出锅，这样火腿香芋卷才会定形。

火腿卷

【原料】低筋面粉 500 克，水 200 毫升，泡打粉 8 克，白糖 100 克，猪油 5 克，酵母 5 克，火腿 3 根

【做法】

1. 低筋面粉加泡打粉拌匀，细砂糖、酵母加水拌匀。

2. 将混合好的酵母水放入面粉中，再加猪油揉成形。

3. 取 1 块面团，擀成长条；将火腿竖切成两半。

4. 将面皮横放，卷长条状，揉匀后取小剂子，搓成细条。

5. 火腿用细条缠绕，饧发 40 分钟后用大火蒸熟即可。

美味小叮咛

蒸火腿卷的时候，最好冷水上锅，先大火煮沸再转小火蒸 4 分钟，焖 5 分钟后再出锅，这样火腿卷才会定形。

紫薯花卷

【原料】面粉 250 克，酵母粉 5 克，白糖 10 克，熟紫薯 100 克，食用油适量

【做法】

1. 取 230 克面粉，放入酵母粉、白糖、清水揉成面团。在常温下发酵 2 个小时至面团松软。

2. 将熟紫薯装入保鲜袋，用擀面杖擀成泥，待用。

3. 将发酵好的面团取出，压扁成饼状。将面饼卷起包住紫薯泥，用擀面杖将其擀成面皮。淋上适量食用油，抹匀。

4. 将面皮卷起来，向两边拉长，用刀切成长度一致的长段。将长段两端叠起，向两边拉长，卷成麻花状，转一圈将两端粘牢。

5. 电蒸锅中放入花卷生胚，蒸煮 15 分钟至蒸熟取出即可。

红豆玉米发糕

【原料】面粉 100 克，玉米面粉 120 克，水发红腰豆 90 克，酵母、泡
打粉各适量

【调料】白糖适量

【做法】

1. 取一大碗，倒入面粉、玉米面粉，放入
洗净的红腰豆，撒上白糖，加入酵母、
泡打粉，拌匀，分次注入适量清水，和
匀。压平，用保鲜膜封住豌豆，静置约
1 小时，使面团饧发至两倍大，去除保
鲜膜，待用。

2. 取一蒸盘，刷上底油，放入发酵好的面
团，铺平，做好造型。

3. 备好电蒸锅，烧开后放入蒸盘。盖上
盖，蒸约 20 分钟，至食材熟透。

4. 断电后揭盖，取出蒸盘，食用时将蒸好
的发糕分成小块即可。

美味小叮咛

饧面时温度高一些，能缩短面团发酵的
时间。

鸡蛋红枣发糕

【原料】低筋面粉 250 克，酵母 3 克，鸡蛋 2 个，大枣若干

【调料】细砂糖 250 克，食用油适量

【做法】

1. 将鸡蛋、酵母、细砂糖、水放入面盆中，用电动搅拌器搅拌均匀。

2. 面粉放入面盆中，搅至干粉无颗粒状态。

3. 红枣去核切碎，放入稠面糊中并搅开。将容器均匀刷油，放入稠面糊，用勺子沾水，使其平整。

4. 加盖保鲜膜，放在温暖处发酵至 2 倍大。

5. 将红枣撒在发酵好的面糊上，入锅大火烧开转中火蒸 30 分钟，关火 5 分钟后取出即可。

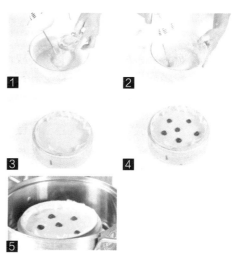

美味小叮咛

发酵好的面糊不要再搅动，以免影响起发效果。

南瓜发糕

【原料】泡打粉 20 克，鸡蛋液适量，枸杞少许，三花淡奶 50 毫升，

熟南瓜片 200 克，低筋面粉 250 克

【调料】白糖 250 克，食用油 100 毫升

【做法】

1. 取一碗，放入熟南瓜片，搅碎，加入
   白糖，搅拌片刻至白糖溶化。

2. 倒入三花淡奶，加入低筋面粉，倒入
   鸡蛋液，拌匀，用电动搅拌器快速搅成
   均匀纯滑的浆。

3. 加入泡打粉，用电动搅拌器搅匀，倒
   入适量食用油，搅匀，制成粉浆。

4. 蒸笼中放入数个蛋糕杯，分别盛入适
   量粉浆，放上少许枸杞，放入电蒸锅中
   蒸 20 分钟，取出即可。

美味小叮咛

熟南瓜片里的水要倒掉，否则不容易和成面团。

彩色千层发糕

【原料】高筋面粉 350 克，低筋面粉 100 克，白糖 50 克，南瓜适量，
抹茶粉 5 克，红曲粉 5 克，酵母 8 克

【做法】

1. 将蒸好的南瓜捣成泥，加入部分面粉、白糖和酵母搅匀，做成南瓜面团；将余下面粉加白糖和酵母搅匀，加适量水搅匀，分成 3 份：一份加入抹茶粉，揉成抹茶面团；一份加入红曲粉，揉成红色面团；一份原色，加适量水，揉成白色面团。四色面团均发酵 50 分钟。

2. 将每个面团再分成两份，将分好的面团擀成大小相当的圆饼，南瓜面团稍微大一些。

3. 模具内放入油纸，将圆饼状的面粉按颜色错开一张张叠起来放入模具，每张之间刷层水，使之紧密结合。

4. 最上面一张用南瓜面皮，完全包裹住所有面皮，蒸 25 分钟即可。

美味小叮咛

蔬果颜色层可以根据个人喜好选择，也可以加放至 4~5 层，但太厚不易蒸熟。

酥香可口的 饼、盒子、锅贴

我国饼类的食物历史悠久，如烧饼的历史就可追溯到汉朝，可谓是面食中的经典。饼类食物发展至今，种类和做法更是花样百出，如葱油饼、千层饼、煎饼、烙饼、肉饼等。

除了饼以外，还有盒子、锅贴等煎炸小吃也同样让人垂涎欲滴。盒子是中国北方地区的传统小吃，是一种以面粉为加工原料制作而成的食品，不肥腻，口感极佳；锅贴是另一种著名的传统小吃，一般为饺子形状，制作精巧，味道可口，馅的种类可根据个人的喜好制作，底面酥脆，面皮软韧，味道鲜美，极受人们的喜爱。

香煎葱油饼

【原料】低筋面粉 500 克，鸡蛋液 20 克，黄油 20 克，葱花适量

【调料】盐 3 克，食用油适量

【做法】

1. 将低筋面粉倒在案台上，用刮板开窝，倒入鸡蛋液，放入黄油，拌匀。分数次加入少许清水，搅拌均匀。

2. 将材料混合均匀，揉搓成光滑的面团，取一碗，放入葱花，加入盐，搅拌均匀，待用。用擀面杖把面团擀成面皮，把葱花铺在面皮上，卷成长条状，揉搓成面团。

3. 用擀面杖擀成面皮，刷上一层食用油，再卷成长条状，揉搓成面团。用擀面杖擀成面皮，再刷上一层食用油，卷成长条状。切成几个小剂子。

4. 将小剂子擀成饼状，制成生胚。

5. 用油起锅，放入制好的饼胚，煎约 3 分钟至两面焦黄色。关火后取出煎好的葱油饼，装入盘中即可。

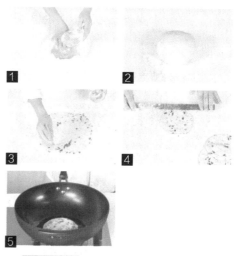

美味小叮咛

煎饼的时候最好用平底锅，这样不容易煎煳，可以最好地保持饼的形状，饼的受热也更为均匀；如果喜欢香葱，可以适当多放一些，这样香葱的味道才更为浓郁。

紫甘蓝萝卜丝饼

【原料】紫甘蓝 90 克，白萝卜 100 克，鸡蛋 1 个，面粉 120 克，葱
花少许

【调料】盐、鸡粉、食用油各适量

【做法】

1. 将白萝卜切丝；紫甘蓝切丝。

2. 锅内加水烧开，放入盐，倒入白萝卜、
   紫甘蓝，煮至八成熟。

3. 把煮好的紫甘蓝和白萝卜捞出，沥干
   水分，装碗。

4. 放入葱花、鸡蛋、盐、鸡粉，加入面粉，
   搅成糊状。

5. 平底锅中倒油烧热，放入面糊，摊成
   饼状，煎成焦黄色。

6. 把煎好的饼取出，切成小块装盘即可。

美味小叮咛

煎饼时可晃动煎锅，以免白萝卜煎煳，影响口感。

紫薯糯米饼

【原料】熟紫薯 600 克，糯米粉 260 克，白糖 100 克，澄面 200 克，猪油 40 克

【做法】

1. 把熟紫薯倒入碗中，加入白糖，搅匀。

2. 加入澄面、糯米粉，搅匀。

3. 把紫薯糊倒在案台上，加入猪油，混合均匀，揉搓成紫薯面团。

4. 取适量面团，搓成长条状。

5. 用刮板切数个大小均等的剂子。

6. 把剂子塞入饼模中压实，脱模，制成生胚。

7. 把紫薯饼生胚装入垫有笼底纸的蒸笼里，放入烧开的蒸锅，用大火蒸 5 分钟至其熟即可。

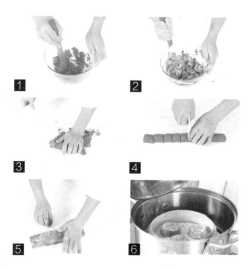

美味小叮咛

模具里可抹上少许食用油，便于生坯脱模。

红薯糙米饼

【原料】红薯 200 克，蛋清 50 克，糙米粉 150 克

【做法】

1. 将红薯切片，放入蒸锅中大火蒸熟。

2. 碗中加入蛋清，用电动搅拌器搅拌至鸡尾状，待用。

3. 取出蒸熟的红薯，用勺子压成泥状。

4. 倒入糙米粒和打好的蛋清搅拌均匀至糊糊。

5. 热锅中放入糊糊，戴上一次性手套，用手压制成饼状。

6. 烙至两面金黄，取出切块即可。

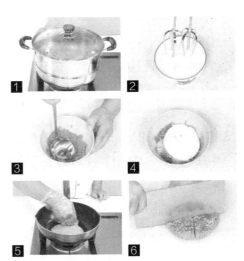

美味小叮咛

依个人口味，糊糊中也可以加入适量的白糖搅匀。

芝麻饼

【原料】熟芝麻 100 克，莲蓉 150 克，澄面 100 克，糯米粉 500 克，猪油 150 克

【原料】白糖 175 克，食用油适量

【做法】

1. 澄面加开水，搅拌匀。再把碗倒扣在案板上，静置约 20 分钟，使澄面充分吸干水分后，将发好的澄面揉成面团。

2. 糯米粉加入白糖、清水搅拌匀，揉至纯滑，放入澄面团、猪油，揉成光滑面团。

3. 将备好的面团搓成长条，分成数个小剂子。把莲蓉搓成条，切成小段，制成馅料。再把小剂子压成饼状，使中间微微向下凹，放入备好的馅料，收紧口，揉搓成圆球状，蘸上清水，滚上备好的熟芝麻，揉均匀，再压扁，制成芝麻饼生胚。

4. 取一个干净的蒸盘，刷上一层食用油，摆放芝麻饼生胚。蒸锅上火烧开，放入蒸盘，盖上盖，用大火蒸约 10 分钟，至食材熟透。关火后揭开盖，取出蒸熟的芝麻饼，晾凉备用。

5. 煎锅注油烧热，放入蒸好的芝麻饼，用小火略煎片刻，至散发出焦香味。翻转芝麻饼，转动煎锅，再煎约 3 分钟，至两面呈金黄色。关火后盛出煎好的食材，装在盘中，摆好即成。

银丝煎饼

【原料】水发粉丝 110 克，面粉 100 克，胡萝卜 55 克，肉末 35 克，
葱条 15 克

【调料】盐、鸡粉、料酒、生抽、芝麻油、食用油各适量

【做法】

1. 面粉中加入温开水，搅拌，制成面团。
将葱条、粉丝切长段，胡萝卜切丝。

2. 倒入肉末，加入所有调料搅拌均匀，制
成馅料，待用。

3. 取面团搓匀呈长条形，分切成数个剂
子，再把小剂子擀成薄片，即成饼坯。

4. 取一张饼坯，放入馅料，收齐边缘，折
好，卷成卷，包紧，装入盘中。

5. 煎锅上火烧热，淋入少许食用油，烧至
四成热，依次放入煎饼生坯，轻轻晃动
锅底，煎出焦香味，翻转生坯，用小火
再煎约 2 分钟，至两面熟透。关火后盛
出煎饼，装入盘中，待稍微冷却后即可
食用。

美味小叮咛

收口时最好用力捏紧，以免煎的时候生坯
散开。

水晶饼

【原料】咸蛋黄 60 克，车厘子 8 克，莲蓉 50 克，澄面、生粉各 150 克

【做法】

1. 用大火把咸蛋黄蒸约 7 分钟至熟后，取切成粒，装入碗中。

2. 将车厘子切成粒。莲蓉揉搓成长条，切成大小均等的小剂子，备用。

3. 将澄面倒入大碗中，放入生粉、水，拌匀成浆液。分次倒入适量开水，并不停搅拌，至其成糊状，将面糊放在操作台上。撒上适量澄面、生粉，揉搓成光滑的面团。

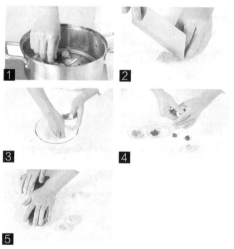

4. 切下一小块面团，揉搓成长条，再切成均匀的小剂子。取小剂子，压扁，放入咸蛋黄、车厘子、莲蓉，包好，搓圆。放入模具中，压好后脱模，制成水晶饼生胚。

5. 把水晶饼生胚放入蒸笼内，蒸约 4 分钟至熟即可。

美味小叮咛

馅料不能有水分，否则蒸的时候容易溢出馅料。

香煎土豆丝鸡蛋饼

【原料】土豆 120 克，培根 45 克，鸡蛋液 110 克，面粉适量，葱花
　　　　少许

【调料】盐、鸡粉、食用油各适量

【做法】

1. 培根切成小方块，洗净去皮的土豆切
　 成细丝。

2. 锅中注水烧开，倒入土豆丝，煮软，
　 捞出沥干水分。

3. 取一个大碗，将土豆、蛋液、葱花放
　 入搅匀。

4. 加入面粉、盐、鸡粉，倒入培根，搅
　 拌成蛋糊。

5. 煎锅放油烧热，倒入蛋糊，煎至两面
　 熟透即可。

美味小叮咛

饼要用小火烙制，火大了容易煳。

西蓝花虾皮蛋饼

【原料】西蓝花 100 克，鸡蛋 2 个，虾皮 10 克，面粉 100 克

【调料】盐、食用油各适量

【做法】

1. 将洗净的西蓝花切成小朵。

2. 取出一个碗，倒入面粉，加盐，搅拌均匀。打入一个鸡蛋，搅拌均匀。再打入另一个鸡蛋，倒入虾皮，搅拌均匀。

3. 放入西蓝花，搅拌均匀，制成面糊。

4. 用油起锅，放入面糊，铺平，煎约 5 分钟至两面呈金黄色。关火，取出煎好的蛋饼，装入盘中。

5. 将蛋饼放在砧板上，切去边缘不平整的部分，再切成三角状，将切好的蛋饼装入盘中即可。

美味小叮咛

面糊不要调得太稠了，否则做出来的饼不松软。

韭菜鸡蛋灌饼

【原料】韭菜 85 克，面粉 200 克，鸡蛋液 70 克

【调料】盐、鸡粉、五香粉、食用油各适量

【做法】

1. 将韭菜切碎倒入蛋液中，加入盐、鸡粉，搅拌均匀成韭菜蛋液。

2. 取 190 克面粉倒入碗中，分次加入总量约为 100 毫升的 90℃的水拌匀。再将面粉倒在案台上揉搓成光滑面团，用擀面杖将面团擀至厚度均匀的薄面皮。面皮上淋入少许食用油，撒上盐和五香粉，卷起面皮成长条状，再卷成团。压平面团，再次用擀面杖擀成厚度均匀的薄面皮。

3. 用油起锅，放入面皮，用中小火煎至底部微焦。翻面，用小火继续煎至两面焦黄。待面皮上层开始鼓起时，用叉子在面皮表面划开一道口子，灌入适量韭菜蛋液，再将口子压平；翻面，进行相同的操作。

4. 关火后将煎好的灌饼放到砧板上，稍稍放凉后切十字刀，切成四块，将切好的韭菜鸡蛋灌饼装盘即可。

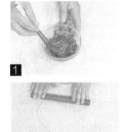

南瓜坚果饼

【原料】南瓜片 55 克，蛋黄少许，核桃粉 70 克，黑芝麻 10 克，软饭 200 克，面粉 80 克

【调料】食用油适量

【做法】

1. 蒸锅上火烧开，放入装有南瓜的小碟，南瓜蒸熟后取出。

2. 将放凉的南瓜改成细条，切小丁块。取碗，放入软饭、南瓜丁、核桃粉、黑芝麻、蛋黄、面粉。

3. 煎锅注油烧热，倒入饭团摊开，煎至其呈焦黄色。

4. 翻转饭团，煎至两面熟透。盛出煎好的南瓜饼，切成小块即可。

美味小叮咛

放入面粉拌匀时，可以淋入少许清水，能使拌好的饭团更有韧劲，煎的时候也更方便。

玉米煎鱼饼

【原料】鲮鱼肉泥 500 克，肥肉丁 100 克，葱花适量，生粉 35 克，
　　　　马蹄粉 20 克，陈皮末 10 克，食粉 3 克，鲜玉米粒 80 克

【调料】盐、鸡粉、芝麻油、食用油各适量

【做法】

1. 将鱼肉泥装碗，食粉加水搅匀，加入鱼肉泥里搅拌至起浆。

2. 放盐、鸡粉，拌匀，加清水、陈皮、葱花拌匀。

3. 将生粉与马蹄粉混合，加清水搅匀，加入鱼肉泥中搅匀。

4. 加肥肉丁、食用油、芝麻油，制成丸子馅料。

5. 取馅料装碗，加入玉米粒，搅匀，制成鱼饼馅。

6. 把馅料捏成丸子状，装入垫有笼底纸的蒸笼里。

7. 把圆形模具套入丸子里，将丸子压成圆饼状生坯。

8. 将生坯放入蒸锅蒸 10 分钟，取出，再用油煎至焦黄色即可。

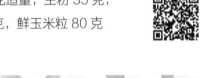

美味小叮咛

煎鱼饼时要注意锅内状况，及时翻面，以免将鱼饼煎煳。

黄金大饼

【原料】低筋面粉 500 克，酵母 5 克，白芝麻 40 克，葱花 15 克
【原料】白糖、盐、食用油各适量

【做法】

1. 把面粉、酵母、白糖和水混合搅匀，揉成面团，饧发约 10 分钟。

2. 将面团擀成面皮，加入食用油、盐、葱花，制成圆饼生坯。

3. 在蒸盘上抹一层油，放入圆饼生胚。

4. 生坯上洒一些清水，均匀洒上芝麻。

5. 蒸锅注水，大火蒸至圆饼熟透，取出。

6. 热锅倒油，放入大饼，炸至两面呈金黄色，取出切小块即可。

美味小叮咛

生坯上的清水要洒得均匀一些，这样蘸上白芝麻时才会更容易。

莲蓉煎饼

【原料】糯米粉 500 克，澄面 150 克，莲蓉 100 克，白芝麻适量

【调料】白糖 150 克，食用油 50 毫升

【做法】

1. 在糯米粉中加入白糖、清水、食用油，拌匀，揉搓成光滑面团。在澄面中加入沸水，揉搓成光滑的面团。

2. 将两种面团混合搓成光滑的面团。取适量面团，搓成长条，切数个大小均等的小剂子。将小剂子捏成半球面状，放入莲蓉，收口捏紧，搓成圆球形，制成生胚。

3. 取一盘，倒入白芝麻，将生胚压成饼状，滚上白芝麻。

4. 蒸笼上垫上一张笼底纸，放入生胚。蒸锅中注入适量清水烧开，放入蒸笼中，用大火蒸 9 分钟至熟，取出蒸笼。

5. 用油起锅，放入饼，油煎约 3 分钟至其表面呈金黄色，盛出装入盘中即可。

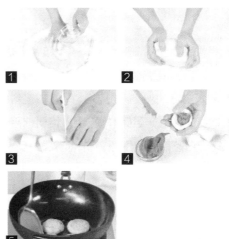

美味小叮咛

制作煎饼时，油温一定要掌握好，温度过低会吸油，过高面饼表面会发焦。

五香芋丝饼

【原料】香芋丝 400 克，生粉 100 克，火腿粒 60 克，肉胶 100 克，
白芝麻 20 克，虾米 40 克

【调料】盐、鸡粉、五香粉、食用油各少许

【做法】

1. 将香芋丝装碗，加虾米、火腿粒、五香
   粉、鸡粉和盐搅匀。

2. 倒入生粉、肉胶，搅拌均匀，制成馅料。

3. 取盘子覆上一层保鲜膜，倒入馅料抹平，
   撒上白芝麻即成生胚。

4. 把生坯放入烧开的蒸锅，加盖，中火蒸
   30 分钟。

5. 揭盖，把香芋饼取出，放凉。用刀将香
   芋饼切成小方块。

6. 起油锅，放入香芋饼，煎香。翻面，煎
   至焦黄色。把香芋饼盛出，装盘即可。

美味小叮咛

猪瘦肉剁成肉泥后，加盐、鸡粉、生抽等搅匀调味，搅拌呈胶状即成肉胶。

椒盐饼

【原料】面粉 500 克，酵母 3 克

【调料】椒盐、食用油各适量

【做法】

1. 在面粉中加入酵母拌匀，加入适量温水调匀，将面粉和成面团。

2. 将面团擀成长方形面皮，表面刷食用油。

3. 均匀撒上适量椒盐。

4. 从一头卷起，卷成卷，切成段。

5. 稍擀成形，饧好。放入烤箱烤熟，取出即可。

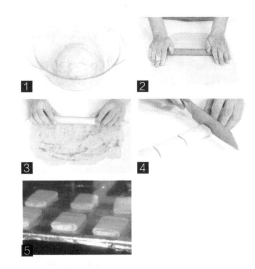

美味小叮咛

饼趁热吃，口感最佳。

手抓饼

【原料】面粉 250 克，黑芝麻 10 克

【调料】盐、葱花、胡椒粉、猪油、
食用油各适量

【做法】

1. 面粉边加开水边搅拌，使之呈雪花状，
再加入冷水，揉成面团，饧发 30 分钟。

2. 发酵好的面团再揉 5 分钟至光滑，擀
成方形的薄面片。

3. 面片刷一层猪油，撒上葱花、胡椒粉、
黑芝麻、盐，将两边向中间折起，再
刷一层猪油。

4. 将两边再次向中间折，将面片翻转再
对折，让有层次的一面朝上，由两端
向中间卷起，边卷边拉伸。

5. 将一个卷叠加在另一个卷上，用手压
扁，再轻擀成薄面饼。

6. 平底锅倒油烧至六成热，放入饼胚，
中小火煎至两面金黄，轻拍面饼，使
之松散酥香即可。

芹菜馅饼

【原料】低筋面粉 350 克，芹菜 90 克，
猪肉 80 克，酵母适量

【调料】盐、鸡精、食用油各适量

【做法】

1. 将猪肉和芹菜洗净，切碎，加入盐、
鸡精，做成馅料。

2. 低筋面粉加入酵母、水揉成面团，
分成两个饼，中间包入馅，将两个
饼的两边压紧，做成大饼。

3. 锅中倒油烧至七成热，放入馅饼，
煎至两面呈金黄色即可。

美味小叮咛

煎饼的时候最好用平底锅，这样不容易
煎煳，可以最好地保持饼的形状，饼的
受热也更为均匀。

美味『棒棒糖』

【原料】菠菜汁 50 克，纯牛奶适量，面粉适量，白糖 10 克，芝士 1 片，
蛋黄液和蛋清液各适量

【做法】

1. 将菠菜汁、面粉、牛奶和白糖混在一起搅拌均匀，呈面糊状。

2. 将鸡蛋蛋白搅拌；在蛋黄中加入适量的白糖搅拌。

3. 锅中放油加热，将菠菜面糊放入锅中，摊薄成饼。

4. 锅中放油加热，将蛋黄液放入锅中，摊薄成饼。

5. 锅中放油加热，将蛋清液放入锅中，摊薄成饼。

6. 在油纸上依次放入蛋清薄饼、蛋黄薄饼、菠菜薄饼、芝士，卷起油纸，放入冰箱中冷藏 15 分钟定形。

7. 用刀切开，装饰成棒棒糖的形状即可。

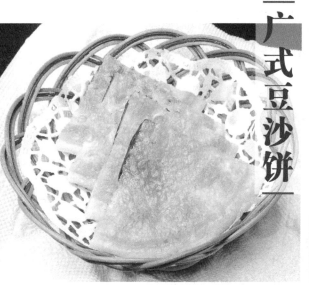

广式豆沙饼

【原料】糯米粉 200 克，豆沙 30 克，
　　　　鸡蛋 2 个

【调料】白糖 10 克，食用油少许

【做法】

1. 鸡蛋磕入碗中搅散；糯米粉、鸡蛋液
　 加白糖、水和匀成面团。

2. 将面团用擀面杖擀成面皮，包上豆沙
　 后折起，压成饼状。

3. 油锅烧热，放入备好的材料煎熟，取
　 出切成块即可。

六合贴饼子

【原料】玉米粉、面粉、奶粉、大米粉、
　　　　绿豆粉、黄豆粉、鸡蛋液各
　　　　50 克

【调料】白糖适量

【做法】

1. 玉米粉、面粉、奶粉、大米粉、绿
　 豆粉、黄豆粉混合均匀，再放入鸡
　 蛋液、白糖、水，和匀成面团。

2. 将面团放入模型中，做成圆饼状再
　 取出。

3. 将做好的饼放入烙饼机中，烙至两
　 面金黄色即可。

美味小叮咛

所有粉类可以根据自己的口味随意组合。

南瓜锅贴

【原料】去皮南瓜 350 克，面粉 200 克，葱碎、姜末各适量

【调料】盐、鸡粉、五香粉、食用油各适量

【做法】

1. 将南瓜切成小粒，倒入所有调料，拌匀成南瓜馅料，待用。

2. 取 140 克面粉倒入碗中，分次注入清水，拌匀，再倒在案台上，搓揉成纯滑的面团，饧发 20 分钟后，将面团搓成长条状，分成数个剂子。

3. 剂子稍稍压平成圆饼生坯，用擀面杖将圆饼生坯擀成薄面皮。

4. 取拌好的南瓜馅料放入面皮中，将两侧面皮贴合，做成饺子形状，再将首尾相贴合，制成中间有凹槽的包子形生胚。

5. 电蒸锅注水烧开，放入包子生胚，蒸10 分钟至熟；用油起锅，注入少许清水，放入蒸好的南瓜包子，加盖，煎约10 分钟，揭盖，关火后盛出装盘即可。

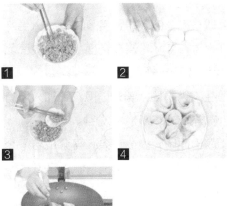

美味小叮咛

如果喜欢吃肉馅味的，可以在馅料里加点五花肉末。

上海锅贴

【原料】肉末 80 克，面粉 155 克，姜末、葱花各适量

【调料】盐、鸡粉、白胡椒粉、五香粉、芝麻油、生抽、料酒、食用油各适量

【做法】

1. 取一碗，倒入 130 克面粉，注入温水拌匀，将面粉倒在台面上，揉成面团后，饧 15 分钟。

2. 往肉末中倒入姜末、葱花，加入所有调料拌匀，腌渍 10 分钟。

3. 取出面团，揉成长条，再分成若干个剂子，将剂子压扁成饼状，再擀成薄面皮。

4. 往面皮里放上适量的肉末，将面皮边缘捏紧，制成锅贴生胚。其他的面皮都采用相同的方法制成生胚，待用。

5. 热锅注油烧热，加入清水，将锅贴生胚整齐地摆放在锅中，大火煎约 6 分钟至锅内水分完全蒸发即可。

美味小叮咛

猪肉馅中可加入适量的水淀粉，这样会更加嫩滑美味。

薄皮大馅的

饺子、馄饨、包子

饺子是一种历史悠久的民间小吃，馅料多样，肉类馅料可搭配多种富含膳食纤维和矿物质的蔬菜，味道鲜美，营养丰富；馄饨和水饺相比，皮更薄，煮熟后有透明感，且煮熟的时间较水饺短，饺子重蘸料，而馄饨重汤料，因此具有汤鲜美的特点。

擀出来的薄皮

制皮是指将做好的面剂制成坯皮的过程，通常有擀、捏、按、压等方法。用擀面杖擀皮是最常见的方法，小擀面杖可用于制作小型皮类，如水饺皮、蒸饺皮、小笼包皮等，中、大擀面杖一般用于擀制花卷皮、烧饼等。

水饺皮、蒸饺皮、小笼包皮的制法：先将面剂用手按扁，以左手拇指、食指、中指捏住剂的边缘，右手执杖按于面剂的 1/3 处推擀，右手推一下，左手将面剂向左后方转动一下，这样一推一转往复 5～6 次，即可擀出一张中间稍厚、四边略薄的圆形皮子。

可口馅料的制作

调出嫩滑的肉馅

吃包子、饺子、春卷等有馅的食品时，肉馅的味道很关键。可将五花肉剁成泥，放入少许的酱油、料酒、食盐、香油、葱末和姜泥。如果肉馅比较瘦的话要加一些植物油进去，搅拌均匀，然后往肉馅里加少许水，继续搅至肉馅有弹性，再加水，再搅。如此大概 3~4 次，至肉馅黏稠而有弹性就好了。记住每次加水都要少量多次，这样做出来的肉馅无论做馅还是做肉丸，都很嫩、很好吃。

巧加食用油拌蔬菜馅

当饺子馅中拌有蔬菜时，饺子很容易流汤，并且在煮的时候也会破裂。因此不少人为了防止馅里有过多菜汁，常常把水分较多的新鲜蔬菜切碎后用食盐杀去水分或用开水焯一下，挤去水分。这样的做法既费事，还挤掉了蔬菜里的维生素和人体所需的矿物质，大大降低了其营养价值。省力而科学的方法是：把洗净晾干的蔬菜切碎，拌上适量食用油，随即把拌好的肉馅倒入，混合均匀即可。这样包出的饺子，肉馅就吸收了蔬菜里的水分，吃起来鲜嫩爽口，还能最大程度地保留营养成分。馅中肉与菜的比例一般以 1：1 或 1：0.5 为宜。

面点如何包馅

包馅是将馅心包入坯皮内使制品成形的一种方法，各种包类、饺类、烧卖、锅贴、馄饨等都需包馅。包馅的好坏直接影响成品的质量，如水饺没包好馅料，煮时可能会破皮不成形，或水渗进饺内失去鲜美的味道，因此包馅时也要掌握方法。

包馅根据制品的形态分为捏边包、卷边包、无缝包、提折包等。

1. **捏边包**：将馅放入坯皮上后，将边捏紧实，水饺一般采取此包法。

2. **卷边包**：一张皮放上馅，将另一皮盖在馅上，再将两张皮子的边卷捏严实，并捏成花边，如盒子就是此种包法。

3. **无缝包**：这种包法较简单，就是上馅后包成圆形或鸭蛋形，外观没有缝隙、圆滑平整，如流沙包一般就是无缝包法。

4. **提折包**：左手心托住皮子，舀入适量馅料，左手拇指稍压住馅料，以右手拇指和食指捏住皮外沿一点，提起推捻，至捻完一圈，收口捏严。包子、小笼包一般就是用此包法，这样制成的小笼包外形成一道道的摺皱。

韭菜鲜虾碱水饺

【原料】韭菜 200 克，肉胶 80 克，水发香菇 40 克，虾仁 60 克，低筋面粉 500 克，碱水 25 毫升，生粉 70 克，黄油 60 克

【调料】盐、鸡粉、芝麻油各适量

【做法】

1. 韭菜切碎，虾仁、香菇切丁，装碗，放盐、鸡粉、芝麻油、肉胶、生粉，拌匀制成馅料。

2. 取一半低筋面粉装碗，加生粉、开水搅成面糊，再揉搓成面团。另一半面粉加碱水、黄油，混合均匀，再加入面团，揉搓成光滑的面团。

3. 将面团制成数个饺子皮。

4. 取馅料放在饺子皮上收口，制成饺子生胚，上锅煮熟即可。

美味小叮咛

煮水饺时，在锅中加少许盐，锅开时水不会外溢，水饺也不容易烂。

白菜香菇饺子

【原料】大白菜 300 克，胡萝卜 100 克，鲜香菇 40 克，生姜 20 克，
花椒少许，饺子皮适量

【调料】老抽 2 毫升，白糖、盐、五香粉、芝麻油、食用油各适量

【做法】

1. 将大白菜、香菇洗净切粒，挤干水分；
   胡萝卜去皮擦丝；生姜去皮切末。

2. 油爆花椒，盛出；倒入香菇、老抽、
   白糖炒香，盛出；将白菜、胡萝卜装
   入碗中，倒入芝麻油，加入香菇、姜
   末搅匀。

3. 加盐、五香粉，制成馅料。

4. 取饺子皮，放入馅料，捏紧成饺子生胚。

5. 蒸盘刷一层食用油，放上饺子生胚，
   放入烧开的蒸锅中，加盖大火蒸 4 分
   钟至熟即可。

 美味小叮咛

白菜要尽量剁碎，入馅前挤干水分，吃起来才会清爽。

芝麻香芋饺子

【原料】香芋 300 克，芝麻 15 克，熟猪油 15 克，饺子皮适量

【调料】盐、白糖、食用油各适量

【做法】

1. 将洗净去皮的香芋切大块，再切厚片。把香芋块放入蒸锅中，用大火蒸熟，将放凉的香芋放在案板上，压成泥状。

2. 烧热炒锅，倒入芝麻，炒至熟，盛出炒好的芝麻。热锅注油，放入香芋泥，炒至熟，关火后将香芋泥盛出，装入碗中。

3. 放入芝麻、熟猪油，拌匀，加入适量盐、白糖，搅拌匀，制成芝麻香芋馅。

4. 取饺子皮，将适量馅料放在饺子皮上，在饺子皮边缘沾少许清水，收口，捏紧呈褶皱花边，制成饺子生胚，备用。

5. 取蒸盘，刷上一层食用油，放上饺子生胚。将蒸盘放入烧开的蒸锅中。

6. 盖上盖，用大火蒸 3 分钟，至饺子生胚熟透。揭开盖，取出蒸好的饺子，装入盘中即可。

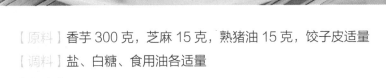

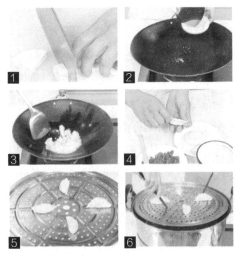

美味小叮咛

馅料是熟的，因此只要把饺子皮蒸熟就可以出锅了。

青瓜蒸饺

【原料】高筋面粉 300 克，低筋面粉 90 克，生粉 70 克，黄油 50 克，
鸡蛋 1 个，黄瓜 1 根，香菜 20 克，虾仁 40 克，肉胶 80 克

【调料】盐、白糖、鸡粉、芝麻油各适量

【做法】

1. 将香菜切碎，黄瓜切粒，取大碗倒入
   黄瓜、香菜，放盐、白糖、鸡粉、芝
   麻油，拌匀，加入肉胶、虾仁，拌匀，
   制成馅料。

2. 把高筋面粉倒在案台上，加入低筋面
   粉，倒入鸡蛋。生粉加适量开水，搅成
   糊状，加入清水，冷却。把生粉团捞出，
   倒入面粉中，加入黄油，揉搓成光滑的
   面团。

3. 取适量面团，搓成长条状，切成数个
   大小均等的剂子，擀成饺子皮。取适量
   馅料放在饺子皮上，收口，捏紧，制成
   生胚。

4. 把生胚放入蒸笼里，用大火蒸 5 分钟，
   揭盖，取出蒸好的饺子即可。

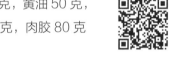

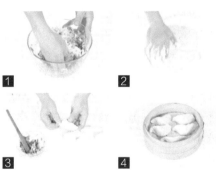

美味小叮咛

加入生粉后，不要加凉水和面，而应加开水，
这样才能将面烫熟。

鸳鸯饺

【原料】澄面 300 克，生粉 60 克，胡萝卜 70 克，水发木耳 35 克，
水发香菇 30 克，豆角 100 克，肉胶 80 克

【调料】盐、鸡粉、白糖、生抽、生粉、芝麻油、蚝油各适量

【做法】

1.将豆角、胡萝卜、香菇丝、木耳切粒。

2.把切好的食材装入碗中，加鸡粉、盐、
白糖、芝麻油，拌匀；加入肉胶，拌匀；
加入生抽、蚝油，拌匀；加入生粉，搅
匀，制成生坯。

3.把澄面和生粉倒入碗中，混合均匀，倒
入适量开水，搅拌，烫面，把面糊倒在
案台上，搓成光滑的面团，取适量面团，
搓成长条状，切成数个大小均等的剂子。

4.把剂子压扁，擀成饺子皮，取适量馅料
放在饺子皮上；收口，中间捏紧，两侧
向中间捏，两边再捏紧，制成生胚。

5.把生胚放入蒸笼里，用大火蒸 7 分钟。
揭盖，把蒸好的鸳鸯饺取出即可。

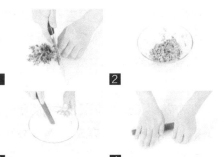

1　**2**

3　**4**

5

美味小叮咛

澄面和生粉需要加入开水搅拌，这样才能
将其烫熟，搅成晶透的糊状。

西葫芦蒸饺

【原料】西葫芦 110 克，肉末 90 克，面粉 180 克，葱花、姜末各少许

【调料】生抽、盐、鸡粉、十三香、食用油各适量

【做法】

1. 将西葫芦切丁，取一个大碗，倒入肉末、西葫芦、姜末，加入葱花和所有调料拌匀，制成馅料。

2. 将面粉倒在面板上，分次加入温水，揉匀制成光滑的面团，饧发至面团蓬松。

3. 将发酵好的面团揉搓成条状，再分切成相同的小剂子，将剂子依次擀成饺子皮。

4. 将适量馅料包入饺子皮内，制成饺子生胚，摆放在抹好油的盘中。

5. 打开电蒸笼，向水箱内注入适量清水至最低水位线，放上蒸隔，放入饺子生胚。盖上锅盖，按"开关"键通电，选择"肉类"功能，再选定"蒸盘"键，时间设为 14 分钟，按"开始"键开始蒸饺子，将饺子蒸熟即可。

美味小叮咛

分好的剂子可撒上点面粉抹在表面，以免面团粘连在一起。

四喜蒸饺

【原料】高筋面粉 300 克，低筋面粉 300 克，小白菜叶 40 克，胡萝卜
100 克，水发木耳 40 克，肉末 80 克，腊肉 50 克，鸡蛋 1 个，
葱末、姜末各少许

【调料】盐、白糖、鸡粉、生抽、生粉各适量

【做法】

1. 将腊肉、胡萝卜、木耳、白菜叶切粒。

2. 取大碗，倒入白菜叶，抓出多余的水分，
装入另一个碗中，加入木耳、胡萝卜，
加腊肉、姜末、葱和所有调味料搅匀，
制成馅料。

3. 将面粉放入面盆内，加入鸡蛋，一边倒
入热开水，一边用筷子迅速搅拌成雪花
状，再加入冷水揉成面团，饧 20 分钟
左右。

4. 将饧好的面团揉成长条，切成小剂子，
擀成圆形的饺子皮。

5. 取饺子皮，放入馅料，捏成花瓣状。

6. 分别取木耳粒、胡萝卜粒、菜叶粒和腊
肉粒塞入花瓣里。

7. 把生胚放入蒸笼里，大火蒸 6 分钟即可。

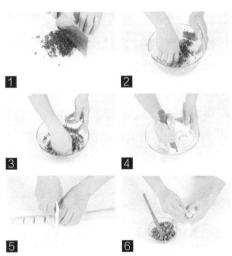

美味小叮咛

制作烫面团时使用一些冷水，不仅可以使
面团更柔软，还能在口感上更具韧性。

花素馄饨

【原料】胡萝卜 200 克，韭黄、泡发香菇各 50 克，馄饨皮 100 克

【调料】盐、细砂糖、芝麻油各适量

【做法】

1. 将胡萝卜、韭黄切粒，泡发香菇洗净切粒，放入碗中，加盐、细砂糖、芝麻油，拌匀成馅。

2. 将馅料放入馄饨皮中，折起，使皮向中央靠拢，捏至底部呈圆形，即成生胚。

3. 馄饨入锅煮 3 分钟即可。

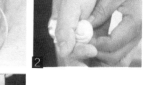

美味小叮咛

煮制时不要盖锅盖，以免蒸汽太多致馄饨破皮。

韭菜猪肉煎饺

【原料】高筋面粉 100 克，凉水 50 毫升，低筋面粉 150 克，温水 100 毫升，
韭菜末 300 克，五花肉碎 200 克，香菇末 50 克，姜末适量

【调料】白糖、味精、盐、鸡粉、生粉、猪油、食用油各适量

【做法】

1. 将高筋面粉、低筋面粉加水揉成光滑的
   面团，待用。

2. 将五花肉碎、姜末、细砂糖、盐、味精、
   猪油、香菇末、鸡粉装碗拌匀。

3. 把生粉分三次倒入拌匀，倒入韭菜末混
   合均匀。

4. 取面团，揉成长条，切成小剂子，擀成
   圆形的饺子皮。

5. 取饺子皮，放入馅料，包好。

6. 将包好的饺子生胚放入蒸锅蒸熟。

7. 平底锅倒油烧热，放入韭菜猪肉饺子，
   煎至两面呈金黄色即可。

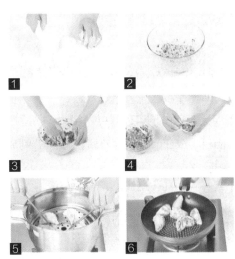

美味小叮咛

油温不宜过高，并及时翻面，以免将生胚
炸糊。

香菇炸云吞

【原料】香菇粒 40 克，木耳粒 30 克，肉胶 80 克，鸡蛋 1 个，云吞皮适量，葱花、姜末各少许

【调料】盐、白糖、鸡粉、生抽、芝麻油、食用油各适量

【做法】

1. 把肉胶倒入碗中，放盐、白糖、鸡粉、生抽，拌匀。

2. 加芝麻油，拌匀，制成馅料。取适量馅料，放在云吞皮上收口，捏紧，制成生胚。

3. 热锅注油烧至五六成热，趁热放入生胚，炸约 1 分钟至金黄色。

4. 把炸好的云吞捞出装盘即可。

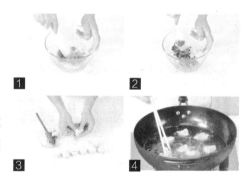

美味小叮咛

油温不宜过高，云吞生胚放入油锅炸的时间也不宜过长，以免被炸煳。

兔形白菜饺

【原料】小白菜 150 克，胡萝卜 200 克，虾仁 90 克，肉胶 100 克，

鲜香菇 40 克，生粉 150 克，澄面 200 克，姜末、葱末、

黑芝麻各适量

【调料】盐、鸡粉、芝麻油各适量

【做法】

1.胡萝洗净去切粒；小白菜、香菇切粒。

2.白菜粒放盐后抓匀挤水，放香菇、胡萝
卜、姜末、盐、鸡粉、芝麻油、生粉、
虾仁、肉胶、葱末，制成馅料。

3.澄面倒入碗中加生粉拌匀，加水揉成
面团。

4.取面团搓成长条，切成剂子，擀成饺
子皮。

5.取适量馅料包成饺子，收口处留出小
段，用剪刀将其对半剪开，捏成兔耳形
状，用黑芝麻作成眼睛，制成生胚，入
蒸笼蒸熟即可。

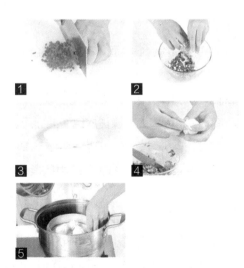

美味小叮咛

制作馅料前，可以将料酒、葱、姜与虾仁
一起浸泡，腌渍一会，以去除虾仁的腥味。

韭菜猪肉水饺

【原料】高筋面粉 100 克，凉水 50 毫升，低筋面粉 150 克，温水
100 毫升，韭菜末 300 克，五花肉碎 200 克，香菇末 50 克，
姜末适量

【调料】白糖、味精、盐、鸡粉、生粉、猪油、食用油各适量

【做法】

1. 将高筋面粉、低筋面粉倒在操作台上，
拌匀开窝。

2. 把温水倒在混合均匀的面粉上搅拌，将
冷水倒在面粉上，揉搓成纯滑的面团。

3. 将五花肉碎、姜末、白糖、盐、味精放
入碗中拌匀，把猪油放入碗中抓揉。倒
入香菇末、鸡粉、生粉、食用油、韭菜
末混匀，装碗。

4. 取一块面团，制成小剂子，擀成饺子皮。

5. 在饺子皮上放入馅，对折，挤压饺子皮，
将其捏紧，放入盘中。

6. 锅中注入清水烧开，放入包好的饺子，
煮约 5 分钟至熟即可。

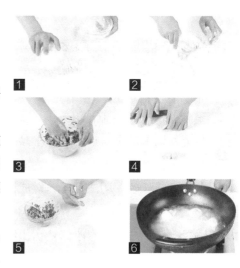

美味小叮咛

韭菜洗净后应沥干水分再切，这样饺子
馅不易出水。

钟水饺

【原料】肉胶 80 克，蒜末、姜末、花椒各适量，饺子皮数张

【调料】盐、鸡粉、生抽、芝麻油各适量

【做法】

1. 花椒装碗，加适量开水，浸泡 10 分钟。

2. 肉胶倒入碗中，加姜末、花椒水、盐、
   鸡粉、生抽、芝麻油拌匀，制成馅料。

3. 取饺子皮，放入馅料，包好。

4. 锅中注水烧开，放入饺子，煮熟。

5. 取小碗，装生抽、蒜末，制成味汁，把
   饺子捞出装盘，用味汁佐食饺子即可。

美味小叮咛

干花椒要用开水冲泡，这样才能完全泡出花椒的有效成分。

虾饺皇

【原料】澄面 300 克，生粉 60 克，虾仁 100 克，猪油 60 克，肥肉粒 40 克

【调料】盐、鸡粉、白糖、芝麻油、胡椒粉各适量

【做法】

1. 把虾仁装在干净的毛巾上，吸干其表面的水分。

2. 将虾仁装碗，放入胡椒粉、生粉、鸡粉、盐、白糖搅匀。

3. 加入肥肉粒、猪油、芝麻油拌匀，制成馅料。

4. 把澄面和生粉倒入碗中混合，倒入开水，搅拌烫面，揉成面团。

5. 取面团，揉长条，切成小剂子，擀成圆形的饺子皮。

6. 取饺子皮，放入馅料，包好，制成饺子生胚。

7. 把生胚装入垫有包底纸的蒸笼里，大火蒸 4 分钟即可。

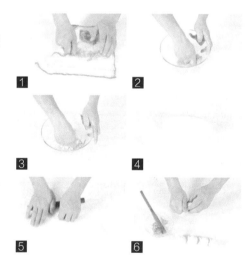

美味小叮咛

虾仁加胡椒粉拌匀腌渍，可以去除虾仁的腥味，还能起到提鲜的作用。

锅贴饺

【原料】高筋面粉 300 克，低筋面粉 90 克，生粉 70 克，黄油 50 克，鸡蛋 1 个，水发木耳 40 克，胡萝卜 90 克，芹菜 70 克，青豆 80 克，肉胶 100 克

【调料】盐、白糖、鸡粉、芝麻油、食用油各适量

【做法】

1. 将洗净的胡萝卜、芹菜、木耳切粒。

2. 倒入碗中，加木耳、青豆、盐、白糖、鸡粉、芝麻油、肉胶拌匀，制成馅料。

3. 用高筋面粉、低筋面粉、生粉、鸡蛋和黄油制成面团。

4. 取适量面团，搓成长条状，切成大小均等的剂子，擀成饺子皮。

5. 取适量馅料，放在饺子皮上，收口，捏紧，制成生胚，装入垫有笼底纸的蒸笼里蒸 3 分钟后取出，再入热油锅中煎至焦黄色即可。

美味小叮咛

可以事先将青豆煮熟，再用于制作馅料，这样可以加快馅料熟透。

香菇鸡肉馄饨

【原料】鸡胸肉 200 克，鲜香菇 40 克，生姜 15 克，饺子皮数张

【调料】盐、鸡粉、酱油、芝麻油、料酒各适量

【做法】

1. 洗净的鸡胸肉剁成肉末，香菇切成粒，去皮洗净的生姜剁成末。将生姜装入碟中，加少许料酒，浸渍片刻，制成姜汁。把鸡肉末装入碗中，加入适量酱油、姜汁、盐、料酒、香菇、鸡粉、芝麻油，拌匀，制成香菇鸡肉馅料。

2. 取饺子皮，在边缘沾少许清水。取适量馅料放在饺子皮上，收口，两端捏在一起，制成馄饨生胚。

3. 取蒸盘，刷上一层食用油，放上馄饨生胚，将蒸盘放入烧开的蒸锅中，用大火蒸 5 分钟，至馄饨生胚熟透。揭开盖，取出蒸好的馄饨，装入盘中即可。

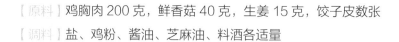

美味小叮咛

鸡肉剁碎至起胶，成品的口感才更好。

牛肉馄饨

【原料】低筋面粉 250 克，高筋面粉 250 克，牛肉末 80 克，香菜 20 克，葱花 10 克，上汤 500 毫升，姜末、葱末各少许

【调料】盐、味精、鸡粉、白糖、蚝油、胡椒粉各适量

【做法】

1. 取一大碗，放入牛肉末，加入盐快速搅拌，至肉末起浆上劲。加所有调味料拌匀，再加入姜末、葱末，拌匀成馄饨肉馅。

2. 将高筋面粉、低筋面粉倒在案板上，加入盐、清水，将面粉揉搓成光滑的面团。

3. 用擀面杖将面团擀成面片，把面片对折，再擀平，反复操作 2 ~ 3 次，把面片擀成薄薄的长方片，用刀修齐整，切成梯形馄饨皮。

4. 取肉馅，放在馄饨皮中，由短边卷起，裹住肉馅，再将两端捏在一起，制成馄饨生坯，锅中加入清水烧开，放入馄饨生坯，大火加热煮沸，煮至馄饨浮在水面上。

5. 将煮好的馄饨捞出装盘，放入香菜、葱花。在煮好的上汤中加入鸡粉、盐、白糖，调味，将调好的上汤浇在馄饨上即可。

素面馄饨

〔原料〕馄饨 110 克，面条 120 克，菠菜叶 45 克

〔调料〕盐、鸡粉、胡椒粉、生抽、芝麻油各适量

〔做法〕

1. 取一空碗，加盐、鸡粉、胡椒粉、生抽、芝麻油，待用。

2. 锅中注水烧开，将适量开水盛入装有调料的碗中，调成汤水。

3. 水锅中放入面条煮熟，捞出，沥干水分，盛入汤水中。

4. 锅中再放入馄饨，煮约 3 分钟至熟软。

5. 倒入洗净的菠菜叶，稍煮片刻至熟透。

6. 捞出煮好的馄饨和菠菜，沥干水分，盛入汤面碗里即可。

美味小叮咛

馄饨煮至漂浮在水面即为熟软，便可捞出食用。

金字塔饺

【原料】澄面 50 克，韭菜末、猪肉末各 100 克，马蹄末 25 克

【调料】盐、芝麻油、蟹子（或咸蛋黄）各适量

【做法】

1. 清水加热煮开，加入备好的淀粉、澄面。

2. 烫熟后倒在案板上，揉搓至面团光滑。

3. 将面团分切成 30 克 / 个的小面团，压薄备用。

4. 将韭菜末、猪肉末、马蹄末、盐、芝麻油拌匀成馅。

5. 皮包入馅，捏紧成形，放上蟹子，蒸约 6 分钟即可。

美味小叮咛

一般蒸饺子需要多长时间，主要看是肉馅的还是素馅的，素馅的饺子蒸的时间短些，如果蒸太久，会影响饺子口感。

香菇蛋煎馄饨

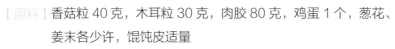

【原料】香菇粒 40 克，木耳粒 30 克，肉胶 80 克，鸡蛋 1 个，葱花、姜末各少许，馄饨皮适量

【调料】盐、白糖、鸡粉、生抽、芝麻油、食用油各适量

【做法】

1. 把肉胶倒入碗中，放盐、白糖、鸡粉、生抽拌匀。

2. 放入姜末、葱花、木耳、香菇、芝麻油拌匀，制成馅料。

3. 取适量馅料放在馄饨皮上，捏制成馄饨生胚。

4. 用油起锅，放入生胚，倒入蛋液，用小火煎至成形，关火焖熟，把煎好的馄饨盛出装盘即可。

美味小叮咛

馄饨生胚宜用小火慢煎，以免被煎煳。

椰菜小麦包

【原料】低筋面粉 630 克，全麦粉 120 克，白糖 150 克，泡打粉 13 克，酵母 7.5 克，猪油 40 克，水 30 毫升，椰菜丝 50 克，肉末适量

【调料】盐、生粉、蚝油、味精各适量

【做法】

1. 在椰菜丝、肉丝末中加入盐、味精、5 克白糖、蚝油、生粉、猪油，搅拌均匀，制成馅料。

2. 低筋面粉中倒上全麦粉、150 克白糖、泡打粉、酵母、水揉匀，盖上保鲜膜，静置发酵至 2 倍大 。

3. 将发酵好的面团排气，揉成长条，切成等大的剂子，擀成圆面皮。

4. 取面皮，包入馅料，收褶，成包子。

5. 蒸锅内加水，将包子生胚放入刷过油的蒸盘上，加盖再次发酵 20 分钟，开火，上气后蒸 20 分钟，关火 3 分钟后开盖即可。

美味小叮咛

再次饧发后的生胚拿在手里一定要有轻的感觉，蒸出来的才松软好吃。

宝鸡豆腐包子

【原料】小麦面粉 600 克，酵母粉 9 克，豆腐 450 克，虾米 60 克，黄瓜 75 克，蒜薹 60 克，小葱 30 克，生姜 10 克，碱粉 1 克

【调料】鸡粉、盐、黄酱、胡椒粉、食用油各适量

【做法】

1. 将豆腐切成丁，蒜薹切成段，小葱切葱花，黄瓜切成丁，生姜切末。碗中倒入虾米、姜末，加入盐、胡椒粉、黄酱、食用油拌匀。

2. 取一玻璃碗，倒入小麦面粉、酵母粉，倒入适量的清水，拌匀，倒在面板上搓揉片刻，往碱粉中注入适量清水拌匀。

3. 将碱水抹在面团上揉搓，将面团揉成长条，扯成几个剂子，压成饼状，用擀面杖擀成薄皮，往面皮中放上适量的馅料，朝着中心卷，至收口。

4. 往蒸笼屉上刷上适量的食用油，放上包子生胚。加盖，蒸煮 10 分钟。揭盖，取出蒸好的包子，放在盘中即可。

美味小叮咛

豆腐可以提前焯煮一下，去除其豆腥味。

水晶包

【原料】澄面 100 克，生粉 60 克，虾仁 100 克，肉末 100 克，水发香菇 30 克，胡萝卜 50 克

【调料】猪油、盐、白糖、生抽、鸡粉、胡椒粉、芝麻油、食用油各适量

【做法】

1.香菇、胡萝卜切粒，加入盐、白糖、生粉、食用油。

2.将虾仁切粒。肉末加盐、生粉、生抽、清水、虾仁。

3.加入全部调料、香菇、胡萝卜料。

4.将生粉放入装有澄面的碗中，加盐、热水，烫至凝固。

5.放入生粉、猪油，揉搓成光滑的面团，盖上毛巾。

6.取适量面团，揉成长条，切成数个小剂子，擀成面皮。

7.取面皮，加入适量馅料做成水晶包生胚，放入蒸笼中。

8.用大火蒸 8 分钟，至生胚熟透即可。

美味小叮咛

面皮擀得越薄，蒸出的水晶包越晶莹剔透。

菊花包

【原料】低筋面粉 500 克，泡打粉 7 克，酵母 5 克，牛奶、莲蓉、
　　　　白芝麻各适量

【调料】白糖 100 克

【做法】

1. 低筋面粉倒在案台上，用刮板开窝，加
入泡打粉，倒入白糖。酵母加少许牛奶，
搅匀，倒入窝中，混合均匀；加少许清水，
搅匀；刮入面粉，混合均匀，揉搓成面团。

2. 取适量面团，搓成长条状，揪成数个大
小均等的剂子。把剂子压扁，擀成中间厚
四周薄的包子皮。

3. 适量莲蓉放在包子皮上，收口，捏紧，
搓成球状。

4. 把面球压成圆饼状，沿着边缘切数片花
瓣，再捏成菊花形状，制成生胚。

5. 生胚粘上包底纸，放入蒸笼，撒上白芝麻，
发酵至 2 倍大。把发酵好的生胚放入烧
开的蒸锅，加盖，大火蒸 6 分钟。

6. 揭盖，把蒸好的菊花包取出即可。

美味小叮咛

可以将生胚放入水温为 30℃ 的蒸锅里，
这样可加快生胚发酵。

寿桃包

【原料】低筋面粉 500 克，酵母 5 克，莲蓉 100 克

【调料】白糖 50 克，食用色素少许，食用油适量

【做法】

1. 在面粉、酵母中加入白糖、清水，拌匀，加盖保鲜膜，静置发酵至 2 倍大。

2. 取适量面团，揉长条，切成剂子，擀成中间厚四周薄的面饼。

3. 取面饼，放入适量莲蓉，包紧收口，在顶部捏出小角，再用刀背在边缘划出一道印。

4. 蒸锅内加水，将寿桃包的生胚放入刷过食用油的蒸盘上，加盖再次发酵 15 分钟，开火蒸 10 分钟，关火 3 分钟后开盖取出。

5. 在蒸熟的寿桃包上撒上食用色素即可。

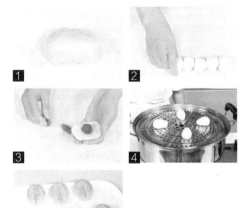

美味小叮咛

蒸寿桃包时应用大火，这样蒸出来的寿桃形状更饱满。

灌汤小笼包

[原料] 高筋面粉 300 克，低筋面粉 90 克，生粉 70 克，黄油 50 克，
鸡蛋 1 个，肉胶 150 克，灌汤糕 100 克，姜末、葱花各少许

[调料] 盐、鸡粉、生抽、芝麻油各少许

[做法]

1. 肉胶装碗，放入姜末、灌汤糕，搅匀，
   倒入盐、鸡粉、生抽，拌匀，放入葱花、
   芝麻油拌匀，制成馅料。

2. 把高筋面粉倒在案台上，加入低筋面
   粉，用刮板开窝，倒入鸡蛋。碗中装少
   许清水，放入生粉拌匀。加入适量热水，
   搅成糊状。加入适量凉开水，冷却。把
   生粉团捞出，放入窝中，搅匀。

3. 加入黄油，搅匀；刮入高筋面粉，混合
   均匀；揉成光滑的面团，取适量搓成条
   状；用刀切数个大小均等的剂子，把剂
   子压扁，擀成包子皮。

4. 取馅料放在包子皮上，收口，捏紧，制
   成生胚。把生胚装入锡纸杯中，再放入
   烧开的蒸锅里，大火蒸 8 分钟。把蒸好
   的灌汤包取出即可。

美味小叮咛

制作包子时包入的馅料不宜过多，以免馅
料撑破包子皮而外漏。

贵妃奶黄包

【原料】低筋面粉 500 克，牛奶 50 毫升，泡打粉 7 克，酵母 5 克，白糖 100 克，奶黄馅适量

【做法】

1.把低筋面粉倒在案台上，用刮板开窝。加入泡打粉，倒入白糖。酵母加牛奶，搅拌均匀，再倒入窝中，混合均匀。加少许清水，搅拌均匀。

2.刮入面粉，混合均匀，揉搓成面团。取适量面团，搓成长条状，将条形面团揪成数个大小均等的剂子，把剂子压成饼状，擀成中间厚四周薄的包子皮。

3.取适量奶黄馅，放在包子皮上。收口，捏紧，捏成球状生胚。生胚粘上包底纸，放入蒸笼里，发酵 1 小时。

4.把发酵好的生胚放入烧开的蒸笼里，用大火蒸 6 分钟，关火，把蒸好的奶黄包取出即可。

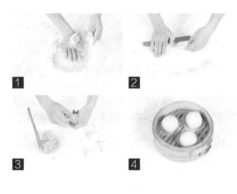

美味小叮咛

包子皮需中间厚四周薄，这样才能包出匀称而不会露馅的奶黄包。

粗粮香芋包

【原料】低筋面粉 500 克，粗粮粉 100 克，牛奶 130 毫升，泡打粉 7 克，
酵母 5 克，熟香芋 600 克，猪油 60 克，炼乳 50 克，白糖
200 克

【做法】

1. 把熟香芋倒入碗中，捣烂，加 100 克白糖搅匀；加入炼乳、80 毫升牛奶，搅拌；放入猪油，搅匀，制成馅料，装入碗中。

2. 把低筋面粉倒在案台上，倒上粗粮粉、泡打粉；用刮板开窝，倒入 100 克白糖、酵母、50 毫升牛奶。加入少许清水，搅匀，刮入面粉，混合成面糊，把面糊揉搓成光滑的面团。

3. 取适量面团，搓成长条状；将长条形面团揪数个大小均等的剂子；压扁剂子，擀成中间厚四周薄的包子皮。取适量馅料放在包子皮上。

4. 收口，捏紧，粘上包底纸，制成生胚。把生胚装入蒸笼里，发酵 1 小时。

5. 将发酵好的生胚放入烧开的蒸锅，加盖，大火蒸 7 分钟。揭盖，把蒸好的粗粮香芋包取出即可。

酥油莲蓉包

【原料】低筋面粉 700 克，白糖、牛奶、泡打粉、酵母、猪油、莲蓉、
咸蛋黄粒各适量

【做法】

1. 取 500 克低筋面粉加入泡打粉、白糖、酵母、牛奶搅匀，揉搓成面团。将面团搓成长条状，揪出数个大小均等的剂子，将其压扁，擀成中间厚四周薄的面皮。

2. 把猪油倒在案台上，加入余下的低筋面粉，揉搓成面团，切成小剂子。把剂子搓成小球状，放在面皮上收口，搓圆。

3. 把面球擀成面皮，卷起饧发 10 分钟后，擀成中间厚四周薄的包子皮。

4. 取适量莲蓉、咸蛋黄粒，放在面皮上，收口，捏紧，制成生胚。

5. 生胚表皮划上十字花刀，发酵至 2 倍大。

6. 把发酵好的生胚放入烧开的蒸锅，用大火蒸 5 分钟至其熟透即可。

美味小叮咛

面团经过 10 分钟松筋，使面团的膨胀力增强，用这样的面团制作出来的包子口感细腻。

花生白糖包

【原料】低筋面粉 500 克，酵母 5 克，白糖 65 克，花生末 40 克，花生酱 20 克

【调料】食用油适量

【做法】

1. 把面粉、酵母倒在案台上，加入白糖、清水，揉搓成光滑面团。

2. 将面团放入保鲜袋中，包紧、裹严实，静置约 10 分钟。

3. 把花生末装入碗中，加入白糖、花生酱，制成馅料。

4. 取面团，摘数个剂子，擀成中间厚四周薄的面皮。

5. 取馅料放入面皮中捏紧，制成花生包生胚。蒸熟即成。

美味小叮咛

调制馅料时，最好多拌一会，以使白糖完全融化。

芝麻包

【原料】低筋面粉 500 克，牛奶 100 毫升，泡打粉 7 克，酵母 5 克，白糖 80 克，芝麻馅 100 克，黑芝麻少许

【做法】

1. 把低筋面粉倒在案台上，用刮板开窝，加入白糖、泡打粉。

2. 酵母加牛奶搅匀，倒入窝中，加适量清水搅匀；刮入面粉，混合均匀，揉搓成光滑的面团。

3. 取面团，揪数个大小均等的剂子，压扁擀平，卷成圆筒状，压成面球，再擀成中间厚四周薄的包子皮。

4. 取芝麻馅放在面皮上收口，捏成球状；粘上包底纸，再粘上黑芝麻，制成生胚，发酵；把发酵好的生胚放入烧开的蒸锅中，大火蒸 7 分钟即可。

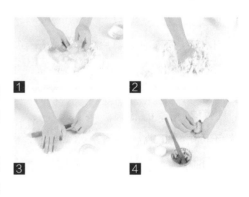

美味小叮咛

生胚发酵时间为 1 小时左右，发酵膨胀至 2 倍大即可。

生煎包

【原料】大白菜 200 克，低筋面粉 500 克，肉末 100 克，酵母 7 克，
姜末、猪油各适量

【调料】盐 2 克，鸡精 1 克，生抽、食用油、白糖各适量

【做法】

1. 将水烧开，加盐、食用油，将大白菜焯熟，捞出切碎。

2. 肉末加水、盐、鸡精、生抽、姜末、大白菜碎，拌匀成馅。

3. 低筋面粉加白糖、酵母、水、猪油，揉成面团。

4. 将面团擀片对折，重复 3 次，揉条下剂，再擀成片。

5. 包入馅捏好，饧发 30 分钟后入油锅煎黄，加水焗熟即可。

美味小叮咛

肉馅中的水，要慢慢一点点地加入，边加入边搅拌，直到被肉馅全部吸收，这样做出的肉馅才会鲜嫩多汁。

玫瑰包

【原料】低筋面粉 500 克，酵母 5 克，莲蓉 80 克，蛋清少许

【调料】白糖 50 克

【做法】

1. 低筋面粉加酵母、白糖、水搅匀，揉成光滑面团。

2. 将面团装入保鲜袋，静置 10 分钟。

3. 将面团搓条，分两份，再搓成条，下剂，擀成皮。

4. 将莲蓉搓成锥形，包入抹有蛋清的皮中，逐层裹好。

5. 饧发 1 小时，再用大火蒸 10 分钟左右即可。

美味小叮咛

和面时应将面和得手感偏硬些，这样发酵完的面团软硬度才合适。

玉米洋葱煎包

【原料】肉末 75 克，玉米粒 55 克，洋葱末 30 克，高筋面粉 150 克，

泡打粉 15 克，酵母 5 克，姜末、黑芝麻各适量

【调料】盐、鸡粉、十三香、老抽、料酒、食用油各适量

【做法】

1. 把高筋面粉装入碗中，倒入泡打粉、酵母、清水，揉成面团。

2. 肉末中倒入玉米粒、洋葱末、姜末、全部调料，顺着一个方向搅匀，制成馅料。

3. 取面团搓成长条，切剂子，擀成圆饼形状，包入馅料收紧口。

4. 蘸上黑芝麻，制成煎包生胚，待用。

5. 锅内倒油烧热，放入生胚煎出香味，待两面煎至金黄即可。

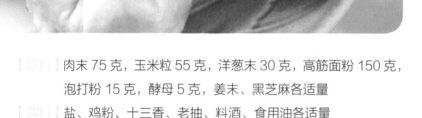

美味小叮咛

煎制生坯时可以多用一些食用油，这样成品的口感更好。

鲜虾香菜包

【原料】低筋面粉、泡打粉、酵母、甘笋汁、猪肉、虾仁、香菜各适量

【调料】白糖 100 克，盐、鸡精各少许

【做法】

1. 低筋面粉加泡打粉、酵母、白糖、甘笋汁、水拌匀。

2. 揉成团，盖上保鲜膜松弛，再切成每个重 30 克的面团。

3. 将猪肉、虾仁、香菜切碎，放入盐、鸡精，拌成馅。

4. 将小面团擀成片，包入馅。

5. 包口收紧成形，稍作静置后以猛火蒸约 8 分钟即可。

美味小叮咛

要凉锅放包子，不能等水开了再放，因为水蒸气温度很高，会把最外面的面烫熟定形，包子就没有发起来的空间了。

刺猬包

【原料】低筋面粉 500 克，酵母 5 克，莲蓉 100 克，黑芝麻少许

【调料】白糖 50 克

【做法】

1. 将面粉、酵母、白糖、清水混合揉成面团。

2. 将面团饧发约 10 分钟，搓成均匀的长条，切成数个剂子，把剂子压扁，擀成面皮。

3. 将面皮卷起，对折，压成小面团，把面团擀成中间厚四周薄的面饼，把莲蓉放入面饼中，收口捏紧，搓成球状。

4. 把面球搓成锥子形状，制成生胚；在蒸盘刷上一层食用油，放入锥子状生胚；盖上盖，发酵 40 分钟。

5. 把发酵好的锥子状生胚取出，用剪刀在其背部剪出小刺，做成刺猬包生胚。将黑芝麻点在刺猬包生胚上，制成眼睛，再把生胚放入蒸锅中。

6. 盖上盖，发酵 20 分钟后，用大火蒸约 10 分钟，至刺猬包生胚熟透即可。

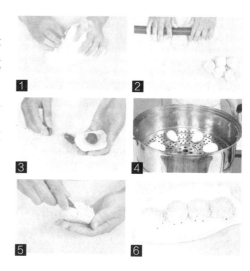

美味小叮咛

面皮要稍微擀得厚一些，这样在剪刺的时候才不至于将馅料露出来。

鼠尾包

【原料】低筋面粉 500 克，泡打粉 8 克，酵母 5 克，韭菜末 300 克，
五花肉碎 200 克，冬菇末 50 克，猪油 20 克

【调料】白糖、味精、盐、鸡粉、姜末、食用油各适量

【做法】

1. 将低筋面粉加泡打粉、白糖、酵母、水、猪油，拌匀，揉成面团后静置发酵。

2. 将五花肉碎、姜末、白糖、盐、味精、猪油、冬菇末拌匀。

3. 加入鸡粉、生粉、色拉油、韭菜末拌匀成馅。

4. 取面团，揉成长条，切剂子，擀成面皮。

5. 取面皮，包入馅料，制成鼠尾包。

6. 蒸锅内加水，将包子生胚放入刷过油的蒸盘上，加盖再次发酵 20 分钟，开火蒸 10 分钟，关火 3 分钟后开盖即可。

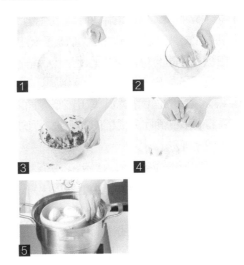

美味小叮咛

蒸好的包子关火后要等 3 到 5 分钟再开锅盖，否则包子容易塌陷。

小象花生包

【原料】中筋面粉 250 克，牛奶 145 毫升，玉米油 10 毫升，白糖 10 克，
　　　　酵母 2 克，花生碎适量，红糖适量，食用油少许

【做法】

1. 花生碎加入红糖、食用油制成花生馅。
2. 将牛奶、酵母混合在一起，加入玉米油、白糖、中筋面粉，揉成面团后用保鲜膜包着，饧发 30 分钟。
3. 将饧发后的面团排气，取出 20 克面团后将剩下的面团分成相同的 2 份，揉圆，擀成椭圆形。
4. 在椭圆形的面皮上放入红糖花生馅，将馅包起来，四周捏紧，用剪刀剪出鼻子和尾巴，放入蒸锅中。
5. 将剩下的 20 克面团搓成长条，平均分成 2 份，都搓成椭圆形，用刀从中间切开，做成小象的耳朵。
6. 把耳朵用水黏在小象头部的位置，饧发 20 分钟后，冷水上锅蒸 20 分钟。
7. 取出蒸好的小象，用巧克力笔画出小象的眼睛和鼻子即可。

西瓜包

〔原料〕面粉 250 克，芒果酱 100 克，草莓酱 100 克，菠菜汁 50 毫升，
可可粉 20 克，黑芝麻 30 克，酵母 6 克，泡打粉 6 克

【做法】

1. 取面粉 100 克加入草莓酱、适量酵母、泡打粉、适量的黑芝麻一起揉成面团。

2. 另取 100 克面粉加入芒果酱、适量酵母、泡打粉和黑芝麻，揉成面团，剩下的面粉分别用菠菜汁和可可粉加酵母、泡打粉、清水，揉成绿色与褐色面团，一起饧发半小时。

3. 将面团搓条下剂子，将绿色剂子压扁擀成圆薄皮，褐色面团搓成细条，在圆皮上交叉搭出类似米字形的样子。

4. 翻过来花纹朝外包入红色或黄色的面团，包成圆形，收好口，做出瓜蒂。

5. 饧发后放入蒸笼，蒸 15 分钟至熟即可。

福袋包

【原料】高筋面粉 250 克，低筋面粉 50 克，蛋液 55 克，牛奶 130
毫升，盐、糖各适量，酵母 5 克，黄油 30 克，柠檬黄巧克
力适量，豆沙馅 180 克，红曲粉 8 克

【做法】

1. 将高筋面粉、低筋面粉、蛋液、牛奶加
   入软化的黄油、糖、盐、酵母混合揉面，
   揉出有韧性的薄膜面团。

2. 将面团分成 2 份，将大份的面团加入
   红曲粉，揉成红色面团；小份的面团加
   入蛋液，揉成黄色面团。将红色和黄色
   的面团分别发酵至 2.5 倍大。

3. 发酵好的红色面团分成 3 份，擀成薄片，
   边缘要尽量薄。

4. 黄色的面团擀成薄片，切成细条做福袋
   的带子。

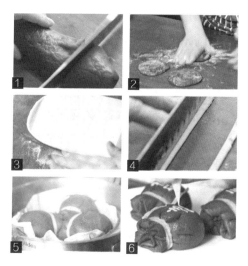

5. 包上 30 克的豆沙馅，虎口收拢往中间
   捏紧。黄色细条扎进福袋口。

6. 全部做好后发酵半小时。

7. 烤箱提前预热，上下火 160℃中层烤
   18 分钟左右。柠檬黄巧克力隔水溶化，
   等福袋凉了用巧克力写上福字。

菜
菜
『
烧
卖
』

【原料】中筋面粉 200 克，豆沙馅适量，菠菜汁 50 毫升

【做法】

1. 将菠菜汁、中筋面粉混在一起搅拌均匀，揉成软面团。

2. 将菠菜面团饧 10 分钟左右，搓成长条，制成小剂子，压扁，中间放入豆沙馅，虎口收拢往中间捏紧。

3. 笼屉中铺上油纸，放上烧卖，放入煮好沸水的锅中，蒸 20 分钟左右至熟透即可。

美味小叮咛

可以根据自己的口味选择馅料，如豆沙馅、菜馅、肉馅等。

洋葱牛肉包

【原料】面粉 500 克，牛肉、洋葱各 250 克，葱汁、姜汁各 50 毫升，碱、酵母各适量

【调料】盐、白糖、酱油、芝麻油各适量

【做法】

1. 将面粉、酵母、碱、白糖放在盛器内混合均匀，加水揉成面团；将牛肉洗净，剁成牛肉馅；牛肉馅加入盐、酱油、芝麻油拌匀，加入葱汁、姜汁；将牛肉先以顺时针方向搅拌上劲，直至牛肉完全吃足水上劲。

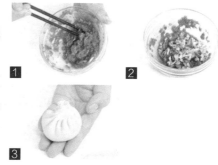

2. 将洋葱切末，放入盛器内；加入牛肉馅，搅拌均匀，放入盛器内备用。

3. 将发好的面团分成小块，再擀成面皮；包入馅，捏好；放入锅中蒸熟，取出即可。

美味小叮咛

要选用新鲜细嫩的牛肉，这样的牛肉纤维细嫩，味道鲜美，容易消化吸收。

Part 5

筋道爽滑的

汤面、拌面、炒面

面条是由面粉做成的，其主要成分是碳水化合物，被人体吸收后能补充大量的热量，维持人体正常所需能量。面条的品种多样，因地域风味及制作方法的不同而呈现多种样式，如拉面、炸酱面、打卤面、拌面等，制作精良的面条配上牛肉、鸡蛋等各种辅料，使得面条更营养和美味。

手擀面的做法

【材料】高筋面粉 500 克，鸡蛋 1 个

【调料】盐 25 克

1. 将高筋面粉放在案板上，用刮板开窝。

2. 将盐放在窝中间。

3. 加入鸡蛋、清水。

4. 用手将蛋液、盐、水拌匀。

5. 再将面粉拌入，揉成面团。

6. 用擀面杖将面团擀薄。

7. 将面皮擀成 4 毫米厚的面片后叠起。

8. 切成 0.5 厘米宽的面条。

9. 将切好的面条扯散即可。

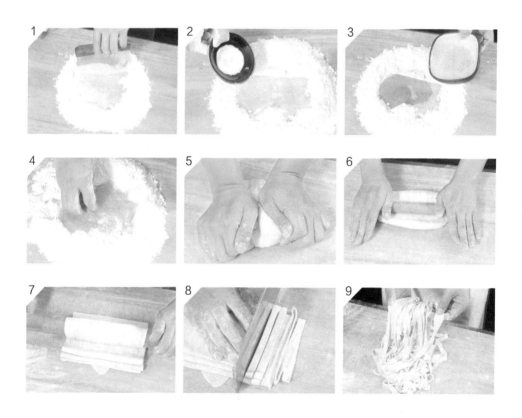

煮面巧法

　　煮面条时，方法不得当，面条会煳烂。若在煮面条的水里加少许盐，一般每500 毫升水加 15 克盐，这样煮出的面条不易煳烂。煮挂面时，不要等水完全开了再下面，不然易出现外熟里生、断条发黏的现象，最好是在锅中的水刚冒气泡时就下面，搅动几下，盖上锅盖，等到水开时，再向锅里点些凉水，再稍煮片刻即可出锅，捞出装入碗中。这样煮出来的面不仅熟得快，而且不易粘锅。

加食用油煮面条防粘

　　煮面条时稍不注意，面条就会粘连在一起，影响成品的口感。可以在煮面条时，在开水锅内放一小匙食用油，面条就不易粘连，而且面汤锅里的泡沫也不容易外溢。

妙用米酒使面条团散开

　　做冷面时，如果面条结成团，可以喷一些米酒在面条上，面条团就能散开。

猫耳面

【原料】荞麦粉 300 克，彩椒 60 克，胡萝卜 80 克，黄瓜 80 克，
西红柿 85 克，葱花少许

【调料】盐、鸡粉、鸡汁各适量

【做法】

1. 将洗好的彩椒、黄瓜、胡萝卜、西红柿均切成粒。

2. 荞麦粉中加适量盐、鸡粉、水，揉成面团。

3. 将面团挤成猫耳面剂子，制成猫耳面生胚。

4. 沸水锅放入鸡汁、切好的蔬菜、盐煮熟。

5. 再放入猫耳面，续煮 2 分钟，撒上葱花即可。

美味小叮咛

选购荞麦粉时需注意，正常的面粉具有麦香味。若一解开面粉袋就有一股漂白剂的味道，则为增白剂添加过量；若有一股异味或霉味，表明面粉已酸败或变质。

虾仁菠菜面

【原料】菠菜面 70 克，虾仁 50 克，菠菜 100 克，上海青 100 克，
胡萝卜 150 克

【调料】盐、鸡粉、水淀粉、食用油各适量

【做法】

1. 将上海青切瓣，菠菜切段，胡萝卜切丝。

2. 虾仁加盐、鸡粉、水淀粉，腌渍 5 分钟。

3. 沸水锅中加食用油、盐、上海青，焯煮
   至断生，捞出。

4. 放入菠菜面，煮 2 分钟，下入胡萝卜丝，
   煮至断生。

5. 再放菠菜、虾仁、鸡粉、上海青，煮熟
   即可。

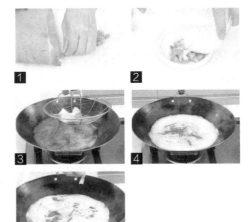

美味小叮咛

菠菜含有大量的草酸，在食用前放入沸水锅中焯烫片刻，即可除去 80% 的草酸。

鱼丸挂面

【原料】挂面 70 克，生菜 20 克，鱼丸 55 克，鸡蛋 1 个，葱花少许

【调料】盐、鸡粉、胡椒粉、食用油各适量

【做法】

1. 将洗净的生菜切碎。鸡蛋打入碗中，打散调匀，制成蛋液。

2. 热锅注油，烧至四五成热，倒入蛋液，快速搅拌匀。用中小火炸约 1 分钟，至其呈金黄色。盛出炸好的鸡蛋，待用。

3. 锅底留油烧热，倒入适量清水烧开，放入挂面，拌匀，煮至软，盖上盖，用中火煮约 3 分钟，揭盖。

4. 倒入鱼丸，加入少许盐、鸡粉，拌匀调味，煮约 1 分钟，撒上少许胡椒粉，倒入生菜，放入炸好的鸡蛋，拌匀，煮至食材熟透。起锅装碗，撒上葱花即可。

美味小叮咛

可用牙签在鱼丸上面戳几个洞，这样能更易入味。

排骨黄金面

【原料】面条 130 克，排骨段 100 克，胡萝卜 35 克，上海青 45 克

【调料】盐、鸡粉、料酒、食用油各适量

【做法】

1. 砂锅中注水烧开，加入排骨段、料酒，煮约 40 分钟，捞出。

2. 洗净去皮的胡萝卜切粒；上海青切碎；放凉的排骨剁成末。

3. 砂锅中留排骨汤烧开，放入面条拌匀。

4. 倒入排骨末，放入胡萝卜，煮约 3 分钟。

5. 揭开锅盖，倒入上海青，煮至熟软。

6. 加盐、鸡粉、食用油煮入味，把煮好的面条装入碗中即可。

美味小叮咛

宜选用肥瘦相间的排骨，不能选全部是瘦肉的，否则煮出的面口感较差。

麻辣臊子面

【原料】面条 200 克，猪骨高汤 500 毫升，猪肉末 120 克，白芝麻 30 克

【调料】豆瓣酱、香菜末、蒜末各少许，料酒、盐、鸡粉、生抽、辣椒油、花椒油、食用油各适量

【做法】

1. 用油起锅，倒入猪肉末，炒至变色。

2. 撒上蒜末炒香，放入适量豆瓣酱，淋入少许料酒、辣椒油。

3. 撒上白芝麻炒香，加鸡粉、生抽炒熟透，制成肉酱，盛出装盘。

4. 锅中注入清水烧开，放入面条，煮约 3 分钟，至面条熟透，捞出，沥干水分。

5. 另起锅，倒入猪骨高汤，加盐、生抽、鸡粉，拌匀，煮沸。

6. 锅中放入面条、辣椒油、花椒油、汤料、肉酱、香菜末即成。

美味小叮咛

制作肉酱时，可先用少许花椒爆香，这样做好的肉酱更具风味。

黑蒜香菇肉丝面

【原料】黑蒜 40 克，龙须面 150 克，瘦肉 180 克，洋葱 80 克，鸡汤 350 毫升，香菇 5 克

【调料】盐、鸡粉、料酒、水淀粉、白胡椒粉、食用油各适量

【做法】

1. 洗净的香菇切十字花刀；处理好的洋葱切丝；瘦肉切丝。

2. 肉丝中加盐、白胡椒粉、料酒、水淀粉，腌渍 10 分钟。

3. 锅中注水烧开，倒入面条煮熟，捞出，沥干水分，装入碗中。

4. 起油锅，倒入肉丝，炒至变色，倒入香菇、洋葱，炒匀。

5. 加鸡汤、盐、鸡粉、白胡椒粉拌匀，盛入面碗，摆上黑蒜即可。

美味小叮咛

将煮好的面条放在凉开水中放凉，这样口感会更爽滑。

金银蒜香牛肉面

【原料】板面 180 克，红烧牛肉汤 200 毫升，蒜片、蒜末各少许

【调料】盐、鸡粉、生抽、食用油各适量

【做法】

1. 油锅烧热，倒入部分蒜片；用小火炸至蒜片呈金黄色；捞出蒜片，沥干油，待用。

2. 锅中注水烧开，放入板面，搅匀，用中火煮至板面熟透。关火后捞出板面，待用。

3. 另起锅，注入红烧牛肉汤，撒入余下的蒜片，拌匀。待汤汁沸腾，加入生抽、盐、鸡粉，拌匀，调成汤料。

4. 面条装碗，撒上蒜末、炸好的蒜片，盛入锅中的汤料即可。

美味小叮咛

汤料调好后最好用小火保持煮沸的状态，这样面食的味道更佳。

沙茶墨鱼面

【原料】油面 170 克，墨鱼肉 75 克，黄瓜 45 克，胡萝卜 50 克，红椒 10 克，蒜末少许，柴鱼片汤 450 毫升

【调料】沙茶酱、生抽、水淀粉、食用油各适量

【做法】

1. 将胡萝卜去皮切片；黄瓜切片；红椒，切圈；墨鱼肉切块。

2. 锅中注入清水烧热，倒入墨鱼，略煮一会儿，氽去腥味，捞出，沥干水分。

3. 锅中注入清水烧开，倒入油面，拌匀，煮约 5 分钟，至熟透，捞出，沥干水分。

4. 起油锅，放入蒜末、墨鱼块、沙茶酱、柴鱼片汤，炒匀。

5. 加入胡萝卜片、红椒圈煮沸，加水淀粉、生抽，制成汤料。

6. 取汤碗，放入面条，盛入汤料，撒上黄瓜片即成。

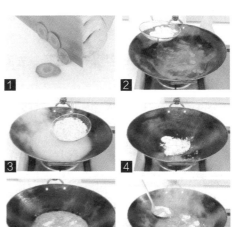

美味小叮咛

墨鱼氽煮前最好用料酒腌渍一会儿，这样食材的口感会更好。

鳝鱼羹面

【原料】油面 170 克，鳝鱼肉 50 克，洋葱 20 克，蒜苗 30 克，胡
　　　　萝卜 40 克，青椒 8 克，蒜末少许，柴鱼片汤 500 毫升

【调料】豆瓣酱、鸡粉、料酒、生抽、食用油各适量

【做法】

1. 将洋葱切丝；蒜苗切段；胡萝卜去皮
　切片；鳝鱼切片。

2. 锅中注水烧开，放入油面拌匀，煮熟，
　捞出，沥干水分。

3. 用油起锅，放入蒜末、鳝鱼片、料酒，
　炒香。

4. 倒入蒜苗、洋葱、胡萝卜片，炒匀。

5. 加入豆瓣酱、柴鱼片汤煮沸，放入生
　抽、鸡粉调成汤料，取汤碗，放入面条，
　再盛入汤料即可。

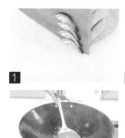

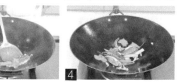

美味小叮咛

清洗鳝鱼时可加入少许生粉，这样能有效去除其黏液。

南瓜面片汤

【原料】馄饨皮 100 克，南瓜 200 克，香菜叶少许

【调料】盐、鸡粉、食用油各适量

【做法】

1. 洗好去皮的南瓜切厚片，再切条，改切成丁，备用。

2. 用油起锅，倒入切好的南瓜，炒匀。

3. 加入适量清水，煮约 1 分钟。

4. 放入备好的馄饨皮，搅匀。

5. 加盐、鸡粉，拌匀，煮约 3 分钟至食材熟软，盛入碗中，点缀上香菜叶即可。

美味小叮咛

面汤煮好后，可淋上少许芝麻油，这样口感更佳。

肉末西红柿煮面片

【原料】面片 270 克，肉末 60 克，西红柿 75 克
【调料】盐、鸡粉、蒜末、茴香叶、食用油各少许

【做法】

1. 洗净的西红柿切小瓣，备用。
2. 用油起锅，倒入肉末，炒至变色。
3. 放入西红柿，撒入蒜末，炒匀炒香。
4. 注入适量清水，拌匀，盖上锅盖，用中火煮约 2 分钟。
5. 揭开锅盖，加入盐、鸡粉，下入面片，煮至熟软，盛出煮好的面片，装入碗中，点缀上茴香叶即可。

美味小叮咛

按照西红柿的纹理切瓣，这样就不会让里面的汁液流出来。

传统炸酱面

【原料】板面 160 克，香干 35 克，肉末 50 克，熟青豆 20 克，
　　　　洋葱 25 克

【调料】豆瓣酱、甜面酱、鸡粉、料酒、生抽、水淀粉、食用油各
　　　　适量

【做法】

1. 将洋葱切丝再切丁，香干切成丁。

2. 用油起锅，倒入肉末，炒匀至变色，淋
　 入少许料酒，倒入洋葱丁，翻炒。

3. 加入适量豆瓣酱、甜面酱，注入适量热
　 水，倒入香干、熟青豆，加入少许鸡粉、
　 生抽，炒匀，待汁水沸腾，倒入适量水
　 淀粉勾芡，至食材入味，制成炸酱调料。

4. 锅中注入适量清水烧开，放入备好的板
　 面，拌匀，用中火煮约 3 分钟，至食材
　 熟透。

5. 关火后捞出煮熟的面条，沥干水分，待
　 用。取一个汤碗，放入煮好的面条，盛
　 入炒好的炸酱调料，食用时拌匀即可。

玉米肉末拌面

【原料】面条 175 克，鲜玉米粒 45 克，黄瓜 75 克，猪肉末 100 克，西红柿丁 20 克

【调料】盐、鸡粉、生抽、料酒、水淀粉、食用油各适量

【做法】

1. 将洗净的黄瓜切成细丝。

2. 锅中注入清水烧开，放入洗净的玉米粒，煮约 2 分钟，至熟透后捞出，沥干水分。

3. 锅中注入清水烧开，放入面条，用中火煮约 3 分钟至面条熟透，捞出，沥干水分。

4. 取一个汤碗，放入煮熟的面条，倒入黄瓜丝。

5. 再放入焯熟的玉米粒，倒入肉末酱，食用时拌匀即可。

美味小叮咛

猪肉末加调料炒熟，即成肉末酱。

豆角拌面

【原料】油面 250 克，豆角 50 克，肉末 80 克，红椒 20 克

【调料】盐、鸡粉、生抽、料酒、芝麻油、食用油各适量

【做法】

1. 洗净的红椒、豆角切粒。

2. 用油起锅，倒入肉末，炒至变色。

3. 放入备好的豆角，加料酒、生抽、鸡
   粉炒匀，再加入红甜椒，继续炒匀，炒
   好后装入盘中。

4. 锅中注入清水烧开，倒入油面，煮至
   熟软。

5. 将煮好的面条盛出装入碗中，加盐、
   生抽、鸡粉、芝麻油。

6. 放入部分肉末拌匀，再放上剩余的肉
   末即可。

美味小叮咛

放入面条后一定要搅散，以免粘在一起。

酸菜肉末打卤面

【原料】面条 60 克，酸菜 45 克，肉末 30 克

【调料】盐、鸡粉、生抽、老抽、蒜末、辣椒酱、水淀粉、食用油、
芝麻油各少许

【做法】

1.将洗净的酸菜切成碎末。

2.锅中加清水、食用油、盐、鸡粉、面条，
煮熟，捞出。

3.用油起锅，加入肉末、生抽、蒜末，炒
匀炒香。

4.倒入酸菜、清水、辣椒酱、盐、鸡粉，
拌匀调味。

5.加入老抽，略煮片刻，至其入味。

6.放入水淀粉、芝麻油，盛出锅中的材料，
浇在面条上即可。

美味小叮咛

酸菜要尽量切得碎些，否则会影响肉末的口感。

西红柿鸡蛋打卤面

【原料】面条 80 克，西红柿 60 克，鸡蛋 1 个，蒜末、葱花各少许

【调料】盐、鸡粉、番茄酱、淀粉、食用油各适量

【做法】

1. 洗好的西红柿切小块；鸡蛋打入碗中，打散，调成蛋液。

2. 锅中注水烧开，加食用油，放入面条煮熟，捞出，装碗。

3. 用油起锅，倒入蛋液，炒成蛋花状，把蛋花盛入碗中。

4. 锅底留油烧热，爆香蒜末，放入西红柿、蛋花，炒散。

5. 放入清水、番茄酱、盐、鸡粉煮熟，倒入水淀粉勾芡。取面条，盛入锅中的材料，点缀上葱花即可。

美味小叮咛

面条煮的时间不可过长，否则会影响口感。

什锦蝴蝶面

【原料】蝴蝶面 150 克，南瓜 95 克，胡萝卜 50 克，青椒 45 克，
玉米粒 35 克，黄油 45 克

【调料】生抽、鸡粉、盐、老抽各适量

【做法】

1. 将洗净去皮的南瓜切条，切成丁；去皮的胡萝卜切条，再切成丁；将洗净的青椒切开，去籽，再切条，切成块。

2. 锅中注入适量的清水大火烧开，倒入备好的蝴蝶面，搅匀煮至软。

3. 将蝴蝶面捞出，沥干水分，待用。热锅放入黄油，煮至溶化，倒入胡萝卜、玉米粒、南瓜、青椒，炒匀，淋入生抽，注入适量清水。

4. 倒入蝴蝶面，快速翻炒均匀，加入盐、鸡粉、老抽，翻炒调味。关火后将炒好的面盛出装入盘中即可。

美味小叮咛

煮面的时候可以放点盐一起煮，口感会更好。

牛腩手擀面

【原料】手擀面 100 克，牛腩 250 克，油菜 100 克，蒜末、葱花、
辣椒各少许

【调料】盐、鸡精、酱油、醋、水淀粉、食用油各适量

【做法】

1.将牛腩切块；油菜切半。

2.锅中倒油烧热，爆香蒜末、辣椒，下
入牛腩，转大火，炒至牛腩变色。

3.放入所有调料，炒匀上色。

4.锅中注水烧开，下入手擀面煮熟，捞
出装入碗中，浇上炒好的牛腩，点缀上
葱花即可。

美味小叮咛

和面时要硬一些，这样擀出来的面条好吃有筋道。

海鲜炒乌冬面

【原料】乌冬面 200 克，土豆 80 克，胡萝卜 70 克，虾仁 50 克，
葱段少许

【调料】盐、鸡粉、蚝油、生抽、食用油各适量

【做法】

1. 洗净去皮的土豆、胡萝卜切成丝；将虾仁背部切开，去掉虾线。

2. 锅中注入适量清水烧开，倒入乌冬面，煮沸后，捞出，沥干水分，待用。

3. 将虾仁倒入沸水锅中，煮至转色，捞出虾仁，沥干待用。

4. 用油起锅，倒入虾仁、土豆、胡萝卜，炒匀；倒入乌冬面，快速炒匀；放入蚝油、生抽，炒匀；加入少许清水，放入盐、鸡粉，炒匀至入味；放入葱段，翻炒匀，盛出装盘即可。

美味小叮咛

虾线含有杂质，烹饪前应去除，以免影响虾肉的鲜味。

豆芽荞麦面

【原料】荞麦面 90 克，大葱 40 克，绿豆芽 20 克

【调料】盐、生抽、食用油各适量

【做法】

1. 将洗净的豆芽切段；大葱切碎片；把荞麦面折成小段。

2. 锅中注水烧开，加入盐、食用油、生抽，拌煮片刻。

3. 倒入荞麦面，拌匀搅散至调味料融于汤汁中。

4. 盖上盖，煮 4 分钟至荞麦面熟软。

5. 取下盖子，放入绿豆芽，煮熟，盛出，放在碗中，撒上大葱片，浇上热油即可。

美味小叮咛

锅中的调味料搅匀后煮一会，至沸腾后再下入荞麦面，面条的味道会更好一些。

空心菜肉丝炒荞麦面

【原料】空心菜 120 克，荞麦面 180 克，胡萝卜 65 克，瘦肉丝 35 克

【调料】盐、鸡粉、老抽、料酒、生抽、水淀粉、食用油各适量

【做法】

1. 将胡萝卜去皮切细丝；瘦肉丝加盐、生抽、料酒、水淀粉，拌匀腌渍。

2. 锅中注水烧开，倒入荞麦面煮熟，捞出，沥干水分。

3. 瘦肉丝滑油至变色，捞出。

4. 用油起锅，倒入空心菜梗、荞麦面、瘦肉丝、胡萝卜丝炒匀，放入空心菜叶。

5. 加入盐、生抽、老抽、鸡粉，炒入味，盛入盘中即成。

美味小叮咛

面条煮好后可用芝麻油拌一下，这样炒出的面条韧性更好，并且不易粘锅。

腊肉土豆豆角焖面

〔原料〕腊肉 50 克，土豆 45 克，豆角 10 克，面
条 80 克

〔调料〕料酒、生抽、芝麻油、葱花各少许

〔做法〕

1. 将豆角切丁；洗净去皮的土豆切丁；
   洗好的腊肉切小丁块。

2. 用油起锅，倒入腊肉，翻炒出油。

3. 放入土豆、豆角，翻炒均匀。

4. 加入适量料酒、生抽、清水，拌匀，
   焖约 3 分钟。

5. 倒入面条，拌匀，焖煮片刻，翻炒约 2
   分钟至面条熟透。

6. 放入葱花、芝麻油，炒匀，盛出炒好
   的食材即可。

美味小叮咛

腊肉有咸味，因此不需要再放盐。

鲜笋魔芋面

【原料】魔芋面 250 克，茭白 15 克，竹笋 10 克，西蓝花 30 克，清鸡汤 150 毫升

【调料】盐、鸡粉、生抽各适量

【做法】

1. 锅中注入清水烧开，倒入西蓝花，煮至断生后捞出，装盘待用。

2. 沸水锅中倒入茭白，略煮一会儿，捞出，装盘。锅中再倒入切好的竹笋，略煮一会儿，捞出，装盘。

3. 锅中注入清水烧开，放入魔芋面，煮 2 分钟至其熟软，捞出，装入碗中，放上西蓝花。

4. 另起锅，倒入鸡汤，放入备好的竹笋、茭白，加盐、鸡粉、生抽，煮至食材入味，盛出，放在面条上即可。

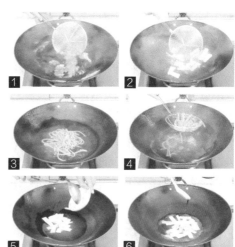

美味小叮咛

魔芋面煮好后可以过一下冷水，这样能保持其爽弹的口感。

豉油王三丝炒面

【原料】熟方便面 130 克，去皮胡萝卜 80 克，火腿肠 60 克，韭菜
　　　　65 克

【调料】蒸鱼豉油、老抽、蚝油、食用油各适量

【做法】

1. 将洗净的胡萝卜切丝，韭菜切段，火
　 腿肠切丝。

2. 用油起锅，倒入胡萝卜丝、火腿丝，
　 炒匀；放入方便面，炒匀。

3. 加入蒸鱼豉油、老抽、蚝油，炒匀，
　 放入韭菜段，翻炒约 2 分钟至入味。

4. 关火后盛出炒好的面，装入碗中即可。

美味小叮咛

火不要太大，否则面容易炒焦。

炒乌冬面

【原料】乌冬面 200 克，火腿肠 45 克，韭菜 45 克，鱼板 60 克，鲜玉米粒 40 克

【调料】盐、鸡粉、蚝油、生抽、食用油各适量

【做法】

1. 将鱼板切片；洗净的韭菜切段；火腿肠去外包装，切段。

2. 锅中注水烧开，倒入乌冬面，煮沸，捞出，沥干水分。

3. 用油起锅，放入玉米粒，略炒。

4. 倒入鱼板、火腿肠，翻炒均匀。

5. 放入乌冬面、蚝油、生抽、盐、鸡粉、韭菜，炒至熟软，盛出装盘即可。

美味小叮咛

韭菜易熟，宜放在后面炒制，可以保持韭菜脆嫩的口感。

秘制炒面

【原料】生菜 100 克，洋葱 40 克，熟宽面 200 克，香菇酱 30 克

【调料】盐、鸡粉、陈醋、生抽、食用油各适量

【做法】

1. 将处理好的洋葱切成粗丝，将洗好的
   生菜切成丝，待用。

2. 热锅注油烧热，倒入洋葱，翻炒香，
   倒入适量的香菇酱，翻炒均匀。放入备
   好的熟宽面、生菜，炒匀炒散。

3. 加入少许生抽、盐、鸡粉、陈醋，翻
   炒调味，关火，将炒好的面盛出，装入
   盘中即可。

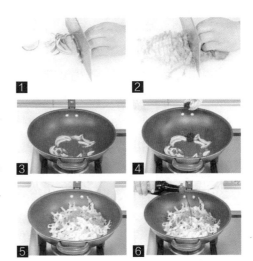

美味小叮咛

煮好的面可以过一道凉开水，口感会更好。

排骨汤面

【原料】排骨 130 克，面条 60 克，小白菜、香菜各少许

【调料】料酒、白醋、盐、鸡粉、食用油各适量

【做法】

1. 将洗净的香菜切碎，小白菜切成两段，面条折成两段。

2. 锅中注入适量清水，倒入洗净的排骨，加入料酒；盖上盖，用大火烧开；揭盖，加入白醋，用小火煮 30 分钟。将煮好的排骨捞出。

3. 把面条倒入汤中，搅拌匀，用小火煮 5 分钟至面条熟透，加入盐、鸡粉，拌匀调味，倒入小白菜，加入少许熟油，搅拌均匀，用大火煮沸。

4. 将煮好的面条盛入碗中，再放入香菜即可。

美味小叮咛

用小火煮制面条时要不时搅拌，以免面条粘锅。

汤河粉

〔原料〕河粉 200 克，鸡蛋 2 个，瘦肉 70 克，豆芽 50 克，葱花 2 克

〔调料〕盐、食用油各适量

〔做法〕

1. 洗好的瘦肉切丝；洗好的豆芽切去根部，装盘。

2. 取电饭锅，倒入河粉、瘦肉、食用油、清水拌匀。

3. 盖上锅盖，按下"蒸煮"状态，定时 20 分钟。按下"取消"键，打开盖，倒入豆芽。

4. 将鸡蛋打入河粉中，盖上锅盖，再选定"蒸煮"状态，定时 5 分钟。

5. 待河粉煮好，按下"取消"键切断电源。揭开锅盖，倒入盐、葱花，拌匀，盛出装碗即可。

美味小叮咛

倒入河粉后最好搅散，以免粘连，影响口感。

芝麻核桃面皮

【原料】黑芝麻 5 克，核桃 20 克，面皮 100 克，胡萝卜 45 克

【调料】盐、生抽、食用油各适量

【做法】

1. 将洗净的胡萝卜切丝；面皮切小片。

2. 烧热炒锅，倒入核桃、黑芝麻，炒出香味，盛出。

3. 取榨汁机，把核桃、黑芝麻倒入杯中，磨成粉末。锅中注入清水，倒入胡萝卜，盖上盖，烧开后用小火煮至其熟透。揭盖，把胡萝卜捞去，留胡萝卜汁，放入适量盐、生抽、食用油，煮沸。

4. 倒入面皮，煮熟透，盛出装碗，撒上核桃黑芝麻粉即可。

美味小叮咛

炒制核桃和黑芝麻时，要控制好时间和火候，以免炒焦。

翡翠凉面

【原料】面条 500 克，火腿、黄瓜、虾米、鸡肉、榨菜各 50 克，姜、
蒜各适量

【调料】盐、芝麻油、食用油、酱油、辣椒油、腐乳汁、醋各适量

【做法】

1. 锅内注水烧开，放入面条煮熟，捞出
   沥干水分。

2. 面条加盐、芝麻油、酱油、食用油拌匀。
   鸡肉煮熟切末。

3. 虾米用温水浸泡，切碎；将榨菜切末，
   将火腿、黄瓜切丝，将姜切末。

4. 将蒜去皮洗净，切泥；将处理好的材
   料搅匀盛碟，和面拌匀食用。

美味小叮咛

食用时滴上少许芝麻油，能使面条香滑可口。

三文鱼意大利面

【原料】西蓝花 75 克，三文鱼 115 克，熟意大利面 200 克，淡奶油 40 克，洋葱 55 克，红酒 50 毫升，蒜末少许

【调料】盐、鸡粉、黑胡椒粉、食用油各适量

【做法】

1. 将洗净的洋葱切丝，洗好的西蓝花切小块，洗净的三文鱼去皮，切成粗条。

2. 沸水锅中加入 2 克盐和适量食用油，倒入切好的西蓝花，汆煮一会儿至断生。捞出汆好的西蓝花，沥干水分。

3. 用油起锅，放入洋葱丝，翻炒均匀，放入蒜末，炒香。加入切好的三文鱼，翻炒 30 秒至稍微转色。倒入红酒，稍煮片刻至酒精挥发。

4. 放入意大利面，翻炒均匀，加入淡奶油，翻炒均匀至奶油溶化，注入少许清水，加入 1 克盐、鸡粉、黑胡椒粉。

5. 拌匀调味，稍煮 1 分钟至收汁，关火后将炒好的意大利面装盘，将汆熟的西蓝花摆放在四周即可。

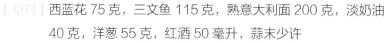

美味小叮咛

可用橄榄油代替食用油，能使菜品更添清香。

西红柿奶酪意面

【原料】意大利面 300 克，西红柿 100 克，黑橄榄 20 克，奶酪 10 克，蒜末少许

【调料】红酱 50 克

【做法】

1. 洗好的西红柿切成瓣，再切成小块；奶酪切片，再切成丁，备用。

2. 锅中注入适量清水烧开，倒入意大利面，煮至熟软，捞出，装入碗中，备用。

3. 锅置火上，倒入奶酪，放入西红柿，拌匀，加入红酱，拌匀。

4. 盛出煮熟的食材，放入装有意大利面的碗中，加入黑橄榄、蒜末，拌匀，装入盘中即可。

美味小叮咛

意面不易煮熟，应多煮一会。

星洲米粉

【原料】水发米粉 180 克，绿豆芽 30 克，胡萝卜 120 克，瘦肉 100 克，
　　　　蛋液 70 克，红椒 40 克，香菇 10 克，葱花、蒜末各少许

【调料】生抽、老抽、盐、鸡粉、料酒、水淀粉、白胡椒粉、食用油
　　　　各适量

【做法】

1. 洗净去皮的胡萝卜、红椒、瘦肉切成
   丝；香菇去蒂，切成片。

2. 把肉丝装入碗中，加入少许盐、料酒、
   生抽、白胡椒粉、水淀粉，搅拌匀，淋
   入少许食用油，腌渍 10 分钟。

3. 热锅注油烧热，倒入鸡蛋液，翻炒松散。
   关火后盛出，装入碗中，待用。

4. 锅底留油，烧热，倒入肉丝，翻炒至转
   色；倒入香菇、胡萝卜、红椒，撒上蒜
   末，放入米粉，炒匀；加入剩余的生抽、
   老抽、盐、鸡粉，炒匀调味。

5. 倒入鸡蛋，快速翻炒片刻至入味。倒入
   葱花，炒出葱香味，盛出米粉，装入盘
   中即可。

美味小叮咛

倒入米粉后可选用筷子，翻动时会更顺手
一些。

彩色海螺面

【原料】面粉 225 克，菠菜汁 50 毫升，南瓜 50 克，紫薯 50 克

【做法】

1. 将蒸熟的南瓜加入部分面粉，制成面团。将紫薯加入部分面粉和清水，制成面团。将菠菜汁加入部分面粉，制成面团。三色面团均饧 20 分钟左右。

2. 将饧发好的面团用擀面杖擀成薄片，用刮板或刀切成小正方形，表面撒上薄薄一层面粉可以防止粘连。

3. 将小面片放在寿司帘子上，用拇指按住轻轻向上一搓，就能做成一个小海螺。按照同样的方式做完所有小面片。

4. 按照自己的口味下锅煮熟即可食用。

美味小叮咛

各种颜色的蔬菜含水量不一样，和面粉时可以先加一部分，再慢慢加入。

鸡蛋炒面

【原料】熟面条 350 克，鸡蛋液 100 克，葱花少许

【调料】盐 2 克，鸡粉少许，生抽 4 毫升，食用油适量

【做法】

1. 将鸡蛋液搅散，调匀，待用。

2. 用油起锅，倒入调好的蛋液，炒匀；炒至五六成熟，关火后盛出，待用。

3. 另起锅，注入少许食用油烧热，撒上葱花，炸香。

4. 倒入备好的熟面条，炒匀。

5. 放入炒过的鸡蛋。

6. 拌匀，淋上生抽，加入盐、鸡粉；翻炒一会儿，至食材入味；关火后盛出面条，装在盘中即成。

美味小叮咛

调蛋液时可加入少许鸡粉，味道会更佳。

最具风味的 点心、小吃

点心、小吃是一类在口味、外形上具有特定风格的食品，是美食文化的一部分。经过数千年的创作和发展，使得点心和小吃的口味、色彩越来越丰富，造型也越发逼真、多样。点心、小吃的这些特征，使得它们非常吸引大众的眼球，极大地引起人们的进食兴趣。

小鸡窝窝头

【原料】牛奶 40 毫升，玉米粉 30 克，面粉 60 克，豆沙馅适量

【做法】

1. 将面粉倒入碗中，加入玉米粉、牛奶，搅拌后揉成光滑面团。
2. 将面团搓成细腻的长条，切成 6 个小块，将剂子搓成条状，用拇指在面团底部戳一个洞。
3. 往面团填入豆沙馅，慢慢向内推，旋转收口，放入锅中，大火蒸 15 分钟。
4. 用胡萝卜和黑芝麻装饰成小鸡的样子即可。

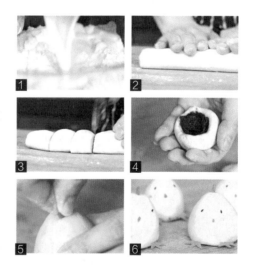

美味小叮咛

可以根据自己的口味添加馅料。

豆沙扭酥

【原料】豆沙 250 克，面团、酥面各 125 克，蛋黄液 5 克

【做法】

1. 面团擀成面片，酥面擀成面片 1/2 大小。

2. 将酥面片放在面片上，对折后擀薄。

3. 再次对折起来，擀薄。

4. 豆沙擀成面片一半大小，放于面片上。

5. 将面片对折轻压，切成条形。

6. 拉住两头旋转，扭成麻花形。

7. 均匀扫上一层蛋黄液。

8. 放入烤箱中烤 10 分钟，取出即可。

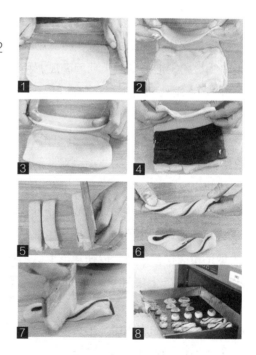

美味小叮咛

制作时，蛋液不要扫太厚。

彩色肉松蛋黄酥

【原料】中筋面粉 150 克，猪油 50 克，白糖 10 克，低筋面粉 100 克，肉松适量，煮熟的咸鸭蛋黄 3 个，南瓜泥、红曲粉各适量

【做法】

1. 将中筋面粉、白糖、猪油、清水混合，搅拌成絮状，制成水油皮。将低筋面粉分为 3 份，加入猪油，利用南瓜泥和红曲粉做成颜色不一样的面团，制成酥皮。

2. 取一个压扁的水油皮包入一个油酥。

3. 从后面收口包好，擀成牛舌状。

4. 卷起饧发 10 分钟。

5. 再次擀成牛舌状，卷好后饧发 15 分钟。

6. 将面卷压扁，擀圆。

7. 取适量肉松和蛋黄，放在面皮上，包好收口。烤盘上铺油纸，放入包好的蛋黄酥。

8. 送入预热好的烤箱中，上火 165℃，下火 170℃，烤 25 分钟即可。

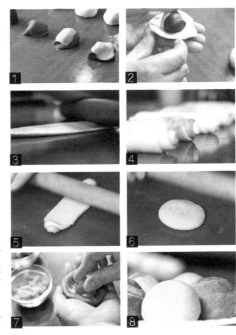

咸蛋酥

【原料】低筋面粉325克，猪油50克，黄油130克，鸡蛋1个，溴粉2.5克，奶粉40克，食粉2.5克，泡打粉4克，吉士粉适量，莲蓉120克，蛋黄1个，咸蛋黄2个

【调料】白糖300克

【做法】

1.低筋面粉加入白糖、吉士粉、奶粉、溴粉、食粉、泡打粉，混合均匀。把100克黄油、猪油混合均匀，加入到混合好的低筋面粉中，加入鸡蛋，揉搓成面团。

2.把莲蓉和咸蛋黄包入剂子中，搓成球状，制成馅料。取适量面团，搓成条状，切两个大小均等的剂子，把剂子捏成半球面状，放入馅料，搓成球状，制成生胚。

3.生胚粘上包底纸，装入烤盘中，分别刷上一层蛋黄。

4.将烤箱上下火均调为180℃，时间设为15分钟，放入生胚，将烤好的咸蛋酥取出，趁热刷上一层黄油即可。

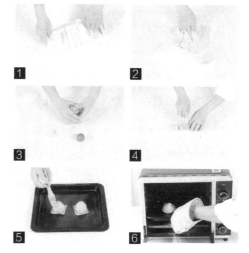

美味小叮咛

可以事先将烤箱预热好，这样烤出来的咸蛋酥色泽、口感更佳。

富贵蛋酥

玫瑰酥

【原料】鸡蛋 3 个，面粉 150 克，枣泥 80 克

【调料】白糖 15 克

【做法】

1. 鸡蛋打入碗中，搅拌均匀，放入锅中炒熟。

2. 面粉、枣泥、鸡蛋、白糖和水一起搅匀，倒入方形模具中，放入冰箱中冻硬。

3. 再将蛋酥放入烤箱中，用 180℃烤 15 分钟，取出，切块即可。

美味小叮咛

切块时间最好在蛋酥尚存余温时，若在蛋酥凉透变脆后再切，容易碎。

【原料】面粉 350 克，玫瑰 15 克

【调料】白糖、红糖、食用油各适量

【做法】

1. 部分面粉、部分白糖、油、水揉成水油面团；剩余面粉、部分白糖、油搓成干油酥面团；玫瑰切碎，与剩余白糖拌成馅。

2. 水油面团、干油酥面摘成剂子，将干油酥包入水油面团中，擀长叠拢，反复两次制成酥皮。

3. 将馅包入酥皮捏圆，划成条，炸熟，刷上红糖即可。

美味小叮咛

在下油锅之前，最好把做好的酥皮用保鲜膜包着，以免表皮干燥。

广东油条

金线油搭

【原料】高筋面粉 500 克，盐 4 克，酵母 5 克，泡打粉 5 克，鸡蛋 2 个，溴粉 5 克，食粉 5 克

【调料】食用油适量

【做法】

1. 鸡蛋加入溴粉、盐、食粉，搅匀；再加入用水溶好的酵母，搅匀；倒入面粉、泡打粉、食用油、水，搅成面团。

2. 将面团发酵 1 小时后，拉扯成长条状，盖上干净的毛巾，饧发 10 分钟。

3. 取一段面团，用擀面杖擀扁平，再盖上干净的毛巾，饧发 10 分钟。用刮板切数个宽度均等的条状剂子，取两个剂子叠好，用竹签在中间压上一道痕，制成生胚。

4. 锅中注入食用油，烧至五六成热，生胚适度拉长后放入油锅中，炸至金黄色，即成。

【原料】面粉 200 克，熟芝麻少许，葱适量，红糖少许

【调料】酱油、甜面酱、五香粉、盐各适量

【做法】

1. 面粉加入水搅成絮状，搓成团，静置几分钟；葱洗净切花。

2. 将面团擀成片卷起，切成细面丝，用手扯开，拉成细丝。

3. 放入蒸笼中蒸 30 分钟后取出，刷上红糖。将所有调味料加葱花拌匀，供蘸食。

蝴蝶酥

【原料】面粉 100 克，奶油 20 克，豆沙馅 50 克，蛋黄液 30 克

【调料】蜂蜜、白糖各适量

【做法】

1. 用水将白糖化开，加入奶油和面粉，揉搅成面团。

2. 面团摘剂，擀成皮，包上豆沙馅，封口，擀成薄圆饼，用刀切成四条，把四条面相互粘牢，呈皮馅分明的蝴蝶状。

3. 在面团上淋上蜂蜜，刷上蛋黄液，烤熟即可。

美味小叮咛

每次擀开前，用擀面杖均匀轻敲下面皮表面，可以使面皮厚度均匀。

荷花酥

【原料】油心面团、油皮面团各 150 克，豆沙馅 150 克

【做法】

1. 取油皮面团压扁包裹油心面团，擀成椭圆形，由下至上卷起，静置后擀开，卷起后按扁，擀成圆形，放入豆沙馅包好，收口朝下。

2. 在包好的面胚上用小刀划出 5 个花瓣，深度以能看见馅心为宜，全部处理好后放入铺好锡纸的烤盘中，烤熟即可。

美味小叮咛

选择的刀一定要锋利，切到馅心上，让馅心露出来，才会看起来像花一样。

金龙麻花

【原料】低筋面粉 300 克，酵母 5 克，泡打粉 5 克，鸡蛋液 20 克

【调料】白糖、食用油各适量

【做法】

1. 将低筋面粉倒在案台上，用刮板开窝，加入白糖、酵母、泡打粉，加入少许清水，搅匀，倒入鸡蛋液，搅匀，加入适量食用油，搅拌均匀。

2. 将材料混合均匀，揉搓成纯滑的面团，将面团放入碗中，包上一层保鲜膜，静置发酵 90 分钟。

3. 取出发酵好的面团，搓成长条，切数个粗条，将粗条搓成细长条。两端连接在一起，扭成麻花状，制成生胚，在生胚上撒上白糖。

4. 热锅注油，烧至五六成热，放入生胚，油炸约 4 分钟至两面金黄色，关火后捞出炸好的麻花，沥干油，装入盘中即可。

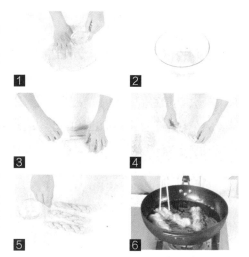

美味小叮咛

炸制过程中要不断翻动，以免粘锅。

驴打滚

【原料】糯米粉 150 克，红豆沙馅、熟黄豆面各适量

【调料】食用油适量

【做法】

1.糯米粉中慢慢加入清水，边加边用筷子搅拌，揉成面团。

2.取一个盘子，抹上少许油，放上做好的糯米面团，入蒸锅蒸 20 分钟，稍放凉。

3.将一些熟黄豆面撒在干净的面板上，放上蒸好的面团，再往面团上撒一些黄豆面（以免粘连），用擀面杖擀成均匀的薄片。

4.在面皮上铺一层红豆沙馅，从一端卷成卷状，入黄豆面中滚一滚。

5.用刀切成小块，即可食用。

美味小叮咛

食用驴打滚有讲究，一是不要深呼吸，二是不要大口吃，三是不要边吃边说话，这些都是为了防止撒在糕面的干豆面呛人口鼻。且驴打滚不易消化，一次不能吃太多。

咸水角

【原料】猪肉末 60 克，海米 20 克，水发香菇 30 克，洋葱 30 克，
澄粉 150 克，糯米粉 500 克

【调料】猪油、白糖、盐、鸡粉、生抽、料酒、水淀粉、食用油各适量

【做法】

1. 将澄粉注入开水，搅拌匀，再把碗倒扣在案板上，饧发约 20 分钟，使澄粉充分吸
   干水分，揉搓成面团。

2. 将部分糯米粉放在案板上，加入白糖、清水，搅拌匀，再分次加入余下的糯米粉、
   清水，搅拌匀，放入备好的澄面团，混合均匀，加入猪油，揉搓成面团。

3. 把洋葱切成粒，香菇切成丁，海米剁成末。用油起锅，放入香菇丁、海米，炒香、
   炒透，再倒入肉末，炒匀、炒散，放入洋葱粒，翻炒香，淋入适量料酒，炒匀提味，
   淋入生抽，翻炒匀，加入鸡粉、盐，炒匀调味，注入适量清水，略煮一会儿，倒入
   适量水淀粉勾芡，关火后盛出炒好的食材，装在盘中，即成馅料，备用。

4. 取来面团，搓成长条，分成数个小剂子，滚上少许糯米粉，将剂子一一压成饼状，
   使中间微微向下凹，再放入适量馅料，捏紧收口，制成咸水角生胚。

5. 热锅注油，烧至六成热，放入咸水角生胚，关火，浸炸片刻，至生胚成形，打开火，
   用中火炸片刻，至食材断生，再用小火炸片刻，至其表皮呈金黄色，最后用大火炸
   一会，至食材熟透，关火后取出炸好的咸水角即可。

【原料】糯米粉 500 克，澄面 80 克，黄油 100 克，芒果粒 100 克，栗粉 40 克，椰浆、牛奶、椰蓉丝、鸡蛋液各适量

【调料】白糖 300 克

【做法】

1. 将栗粉倒入碗中，加入 150 克白糖，拌匀；倒入鸡蛋液，拌匀；加入椰浆，拌匀；倒入牛奶，拌匀，制成粉浆。

2. 锅中注入适量清水烧开，放入黄油，搅拌均匀，煮至化，倒入拌好的粉浆，搅拌均匀，煮成糊状。

3. 倒入芒果粒，稍煮片刻至熟，制成馅料，待用。

4. 将糯米粉倒在案台上，用刮板开窝；加入 150 克白糖、黄油；加入适量清水，搅拌均匀。将材料混合均匀，揉搓成纯滑的糯米面团。

5. 取一碗，倒入澄面，注入适量沸水，搅拌均匀，制成糊状。将面糊倒在案台上，加入糯米面团，将材料混合均匀。

6. 揉搓成长条状，切数个小剂子，把剂子揉搓成半球面状，放入适量馅料，收口捏紧，制成球状生胚。

7. 将生胚放入垫有笼底纸的蒸笼中，蒸锅中注入适量清水烧开，放入蒸笼，加盖，大火蒸 10 分钟至熟，揭盖，取出蒸笼。将椰蓉丝倒在盘中，将蒸好的糯米球裹上椰蓉丝，装入盘中待用，逐个放在糯米球上即可。

核桃果

【原料】澄面 250 克，淀粉 75 克，麻蓉馅 100 克，猪油 50 克，可可粉 10 克

【调料】白糖 75 克

【做法】

1.清水加白糖煮开，加入可可粉、淀粉。

2.放入澄面，烫熟后搓匀，加入猪油。

3.搓至面团纯滑，切成 30 克 / 个的剂子。

4.将馅切成 15 克 / 个的剂子。

5.将皮压薄，包入馅料，包口捏紧。

6.用刮板在生胚中间轻压。

7.再用车轮钳捏成核桃形状。

8.均匀排入蒸笼，用猛火蒸熟即可。

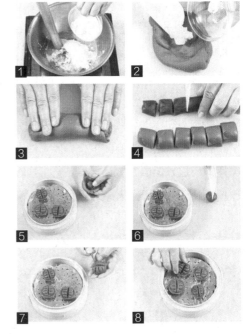

美味小叮咛

面团压薄片时要边压边包馅。

潮州粉果

【原料】澄面 350 克，淀粉、猪肉各 150 克，白萝卜 20 克，韭菜 80 克
【调料】盐、芝麻油各少许

【做法】

1. 沸水中加淀粉、澄面，烫熟后取出，趁热搓成面团。
2. 将面团分切成 30 克 / 个的小面团，压薄备用。
3. 将猪肉、白萝卜、韭菜切碎放入碗中，加盐、芝麻油拌成馅。
4. 用薄皮包入馅料，收口捏紧成形。
5. 排入蒸笼内，用猛火蒸约 6 分钟即可。

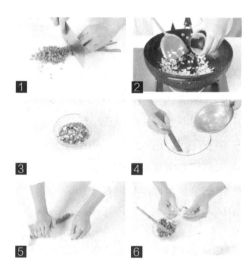

美味小叮咛

烫熟的面粉要趁热搓匀，这样会更细。

脆皮三丝春卷

【原料】春卷皮适量，芋头 1 个，猪肉 100 克，韭黄 20 克

【调料】盐、白糖、食用油各少许

【做法】

1.猪肉、芋头切粒，加入白糖、盐拌匀。

2.然后加入切成小段的韭黄。

3.拌至完全均匀，备用。

4.将春卷皮裁切成长方形。

5.加入馅料。

6.将两头对折。

7.再将另外两边折起来。

8.馅包紧后成方块形，煎熟透即可。

美味小叮咛

卷拌馅的过程中可加些面粉。

脆皮奶黄

【原料】鸡蛋 1 个，吉士粉 20 克，牛奶 20 毫升，面粉 150 克

【调料】白糖、黄油、食用油各少许

【做法】

1. 黄油软化，加入白糖、鸡蛋、牛奶、吉士粉拌匀，隔水蒸好，做成奶黄馅。

2. 面粉、白糖加水揉成面团，摘成小剂子，揉匀，包入奶黄馅，捏紧剂口。

3. 锅中注油烧热，下入奶黄团，炸至金黄色即可。

美味小叮咛

用鲜牛奶制作口感会更加淳厚。

竹叶粑

【原料】糯米 100 克，新鲜竹叶 50 克，酱肉 30 克，甘蔗水适量

【做法】

1. 糯米泡发打浆，用布袋沥干水分；酱肉剁成细末；新鲜竹叶洗净。

2. 在糯米团中加入酱肉及甘蔗水后揉匀。

3. 取竹叶将糯米团包成方形后，用细绳捆扎好，入蒸锅蒸约 20 分钟，至有香味散发即可。

美味小叮咛

蒸好的竹叶粑可以直接吃，也可以裹蛋液煎吃，十分美味。

老婆饼

【原料】水油皮 200 克，油酥 100 克，椰蓉 80 克，鸡蛋液、芝麻各
　　　　适量

【调料】白糖适量

【做法】

1.将椰蓉、白糖一起放入，用勺子拌匀，
　制成馅料。

2.取水油皮，中间放入油酥后包起，卷后
　切成剂子，再擀薄成酥饼皮，在酥饼皮
　内放入已准备好的馅料，将饼皮放在虎
　口处收拢，捏紧收口，轻轻压扁，在饼
　的表面均匀抹上一层蛋液，撒上芝麻。

3.烤箱预热 150℃，烤 12 分钟取出即可。

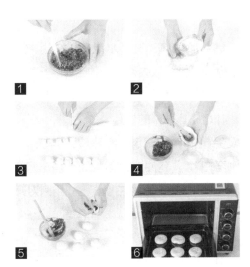

美味小叮咛

　油酥绝对不能放水，面和油的比例是 2：1，会比较粘手，但要坚持和成光滑的油酥面团。

艾叶饼

【原料】糯米粉 500 克，澄面 200 克，艾叶 100 克，莲蓉 50 克，粽叶数片，猪油 50 克

【调料】盐、芝麻油、白糖、食用油各适量

【做法】

1.锅中加 800 毫升清水烧开，加盐、白糖，再加入少许食用油，放入洗净的艾叶，煮 1 分钟，以去除艾叶的苦味，把煮好的艾叶捞出，晾凉，将艾叶切碎，剁成蓉。

2.锅中另加适量清水烧开，放入粽叶，烫煮半分钟至软，把粽叶捞出，晾凉，将粽叶切成 6 厘米的长片。

3.另起锅，加 250 毫升清水烧开，加入白糖，倒入艾叶、猪油，拌匀，煮至白糖、猪油溶化后将汤汁盛出备用。

4.把糯米粉和澄面倒在案板上，用刮刀开窝，倒入汤汁，搅和均匀，加入芝麻油，拌匀，揉搓成光滑的面团，将莲蓉搓成小长条，切成数个小剂子，取适量面团，分切成多个小面团，放入莲蓉，包裹住，然后搓成圆球状，把搓好的莲蓉面球放入制饼模具中，压实压平，敲击模具，艾饼生胚即可脱落下来。

5.取一干净的蒸盘，摆上切好的粽叶，各放上一块艾饼生胚，把艾饼生胚放入蒸锅，盖上锅盖，大火蒸 8 分钟，揭盖，将蒸好的艾饼取出，装入盘中即可。

马拉糕

【原料】三花淡奶 100 毫升，鸡蛋 4 个，低筋面粉 250 克，泡打粉 10 克，
吉士粉 10 克，马拉糕纸适量

【调料】白糖、食用油各适量

【做法】

1. 将鸡蛋打入碗中，待用，把面粉倒入大盆中，加入泡打粉搅拌均匀，倒入鸡蛋，再加入白糖、面粉混合均匀。

2. 加入吉士粉，拌匀，倒入部分三花淡奶，搅拌一会儿至面浆纯滑。

3. 加入少许食用油，搅拌制成面浆。

4. 将马拉糕纸裁剪成长方形，再剪成与蒸笼大小适中的方片，放入蒸笼中，铺平整，再均匀地刷上适量食用油。

5. 把面浆倒入铺有马拉糕纸的蒸笼里，将蒸笼放入烧开的蒸锅中，盖上锅盖，用大火蒸 20 分钟至面浆熟透，揭开盖，取出蒸好的马拉糕，轻轻地将马拉糕纸撕开，用刀将马拉糕切成小块即可。

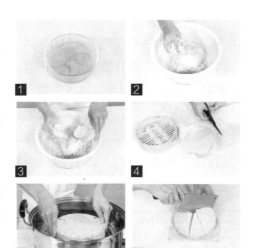

美味小叮咛

将面浆倒入马拉糕纸上时，不能倒入太多，以六成满为宜。

糯米软饼

【原料】五花肉丁 200 克，澄面 20 克，猪油 20 克，糯米粉 125 克，
白芝麻 40 克

【调料】白糖、蚝油、食用油各适量

【做法】

1. 用油起锅，倒入五花肉丁，加入蚝油，
翻炒，盛出五花肉，装入碗中，备用。

2. 把糯米粉倒在案台上，放入白糖、水
混合揉成面团，把开水倒入装有澄面的
碗中，搅拌制成面糊，将面糊放在糯米
面团上，揉搓匀，放入猪油，揉成纯滑
的面团后揉成长条形，切成几个小剂子。

3. 把小剂子搓圆，捏成碗状，放入猪肉馅，
包好搓圆，再压扁，制成糯米软饼生胚。

4. 把蒸笼放入烧开的蒸锅中，盖上盖，
蒸 5 分钟至熟，揭盖，取出蒸笼。

5. 用油起锅，放入蒸好的糯米软饼，用
小火煎 2 分钟，翻面，续煎 2 分钟至
两面呈金黄色，盛出煎好的糯米软饼，
装入盘中即可。

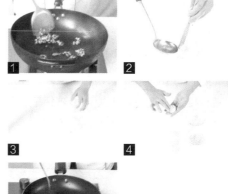

美味小叮咛

在蒸笼上铺一层油纸，可防止软饼粘在蒸
笼上。

奶油炸糕

玉米金糕

【原料】面粉 350 克，鸡蛋 2 个

【调料】香兰素（可食用香料）少许，黄油、食用油、白糖各适量

【做法】

1.锅内加水，放入黄油、白糖烧至溶化。

2.打蛋器内加入面粉、烧开的黄油水，迅速搅拌直至面团由白色变成灰白色，不粘手时，加入香兰素、鸡蛋液，继续搅拌均匀。

3.将面团揉成长条，分成均匀的小球。

4.锅中倒油，低温炸至金黄色，捞出沥油即可。

【原料】嫩玉米粒、面粉、米粉、玉米粉各 50 克，吉士粉、泡打粉各 10 克，白糖 20 克

【做法】

1.嫩玉米粒洗净。

2.将嫩玉米粒、面粉、米粉、玉米粉、吉士粉、泡打粉、白糖加入适量清水，和匀成面团，发酵片刻。

3.将面团分装入菊花模型中，上笼用旺火蒸熟即可。

美味小叮咛

面要加水和好后发酵。面和得不要太硬，要适当揉进一点碱。

美味小叮咛

如果揉面的时间不长，可适当地增加发酵的时间，以保证玉米金糕足够松软。

五香香芋糕

【原料】香芋 400 克，粟粉 150 克，粘米粉 150 克，叉烧肉、虾米各适量

【调料】盐、白糖、鸡粉、食用油各适量

【做法】

1. 热锅注油烧至六成热，放入香芋，搅拌，炸约 3 分钟至熟透，把炸好的香芋捞出，沥干油分。

2. 锅留底油，放入虾米，略炒，加入叉烧肉，炒香，将炒好的叉烧肉和虾米盛出，待用。

3. 把粟粉和粘米粉倒入碗中，加适量清水，搅匀，倒入叉烧肉和虾米，放入白糖、香芋、鸡粉，拌匀，加适量开水，搅匀，搅成糊状，把糊倒入模具里，抹平整。

4. 放入烧开的蒸锅，加盖，大火蒸 40 分钟，盖，取出蒸好的香芋糕，放凉后，将香芋糕脱模，用刀将香芋糕切成扇形块。

5. 用油起锅，放入切好的香芋糕，煎焦香味，翻面，煎至微黄色，将煎好的香芋糕盛出装盘即可。

乳酪黄金月饼

【原料】黄油 83 克，鸡蛋 1 个，低筋面粉 95 克，玉米淀粉 10 克，
奶粉 8 克，乳酪 165 克，蛋黄 80 克

【调料】白糖适量

【做法】

1. 将低筋面粉倒在案台上，加入奶粉、玉米淀粉，用刮板开窝，倒入白糖、蛋黄，搅匀，加入黄油，将材料混合均匀，揉搓成面团。

2. 在案台上撒一层低筋面粉，把面团压成 0.3 厘米厚的面皮。用模具压出数个月饼生胚，将饼胚留在模具里。

3. 把做好的月饼生胚放在烤盘上。

4. 取一个大碗，倒入蛋黄，加入白糖、清水，用搅拌器搅匀。放入乳酪，搅匀，制成馅料。

5. 将做好的馅料倒入模具里。放入烤箱，以上火 180℃、下火 140℃烤 15 分钟至熟。取出烤好的月饼，装入盘中即可。

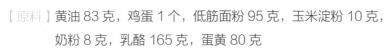
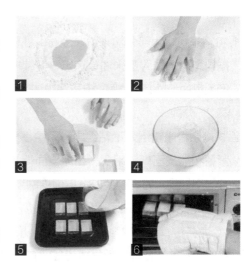

美味小叮咛

月饼不宜保存太久，最好现做现吃。

紫薯冰皮月饼

【原料】粘米粉 50 克，糯米粉 50 克，澄粉 30 克，炼奶 30 克，纯
牛奶 230 毫升，紫薯 500 克，糕粉 40 克

【调料】糖粉 50 克，玉米油 30 毫升

【做法】

1. 将粘米粉、大部分糯米粉、澄粉、糖粉倒入大碗中，加入纯牛奶，用手动打蛋器
   搅拌均匀，加入玉米油、炼奶，继续搅拌成冰皮面糊。紫薯去皮切片，冰皮面糊
   倒入盘中，封上保鲜膜。电蒸锅中注入清水烧开，将冰皮面糊、紫薯分层放入蒸锅，
   蒸 25 分钟。

2. 将剩余糯米粉倒入不粘锅中，用中小火炒至微黄，盛出糕粉，备用。取出蒸好的
   紫薯和冰皮面糊，用筷子在冰皮面糊上画格子，使之均匀散热。戴上隔热手套，
   趁热用橡皮刮刀将碗底的冰皮面糊刮下，备用。将蒸好的紫薯捣成紫薯泥。

3. 将紫薯泥倒入不粘锅，用中小火加热，倒入玉米油，炒至顺滑黏稠。关火，加入
   40 克糕粉，混合均匀至不见糕粉，再淋入少许炼奶混合均匀，将馅料盛出备用。
   将晾凉后的冰皮面糊反复揉搓成细腻的面团，封上保鲜膜，备用。

4. 将皮和馅料称出 25 克每份，搓圆。拿一个冰皮球压扁呈圆饼状，用手按压成中
   间厚四周薄的面皮。拿起一个馅料球放在面皮中间，把馅料包好，再次搓圆。

5. 准备好月饼模具，将花片放入模具中压至底部，旋转手柄使花片卡扣紧实，放入
   冰皮月饼胚，压出形状即成冰皮月饼。

Part 7

浓香松软的 面包、蛋糕

西点主要是指来源于欧美国家的糕饼点心，材料和制作方面均有别于中国的糕点面包。蛋糕是以面粉、糖、黄油、牛奶、香草粉、椰子丝为主要材料制作的甜食，味道香甜而不腻口，加上式样美观，近年来备受人们的喜爱。除了蛋糕外，美味的西点还有小点心、起酥、混酥、曲奇饼、面包棒等。

西点烘焙的基础工具

烤箱

烤箱在家庭中使用时，一般情况下都是用来烤制一些饼干、点心和面包等。烤箱是一种密封的电器，同时也具备烘干的功能。

电子秤

电子秤又叫电子计量秤，适合在西点制作中用来称量各式各样的粉类（如面粉、抹茶粉等）、白糖等需要准确称量的材料。

擀面杖

擀面杖是一种用来压制面条、面皮的工具，多为木制。一般长而大的擀面杖用来擀面条，短而小的擀面杖用来擀饺子皮。

电动搅拌器

电动搅拌器包含一个电机身，还配有打蛋头和搅面棒两种搅拌头。电动搅拌器可以使搅拌的工作更加快速，使材料拌得更加均匀。

玻璃碗

玻璃碗是指玻璃材质的碗，主要用来打发鸡蛋或搅拌面粉、白糖、油和水等。制作西点时，至少要准备两个以上的玻璃碗。

面粉筛

面粉筛一般都由不锈钢制成，是用来过滤面粉的烘焙工具。面粉筛底部呈漏网状，可以用于过滤面粉中含有的其他杂质。

吐司模

吐司模，顾名思义，是主要用于制作吐司的模具。为了使用方便，可以在选购时购买金色不粘的吐司模，不需要涂油防粘。

饼干模

饼干模有硅胶、铝合金等材质，款式精致，有 6 个一组的，也有 8 个一组、12 个一组的，主要用于制作压制饼干及各种水果酥。

蛋糕转盘

在制作蛋糕后用抹刀涂抹蛋糕胚时，蛋糕转盘可供我们边涂边抹边转动，是节省时间的工具。蛋糕转盘一般为铝合金材质。

蛋糕纸模

蛋糕纸模是在做小蛋糕时使用的。使用相应形状的蛋糕纸模能够做出相应的蛋糕形状，适合用于制作儿童喜爱的小糕点。

蛋挞模

蛋挞模主要用于制作普通蛋挞或葡式蛋挞。一般选择铝模，压制效果比较好，而烤出来的蛋挞口感也相对较好。

毛刷

是用来制作主食的用具，尺寸多样化。毛刷能用来在面皮表面刷上一层油脂，也能在制好的蛋糕或者点心上刷上一层蛋液。

刮板

刮板又称面铲板，是制作面团后用来刮净盆子或面板上剩余面团的工具，也可以用来切割面团及修整面团的四边。

烘培油纸

烤箱内烘烤食物时，可将烘焙油纸垫在底部，防止食物粘在模具上以致清洗困难。做饼干或蒸馒头等时也可以把烘焙油纸置于底部，能保证食品干净卫生。

奶油抹刀

奶油抹刀一般用于蛋糕裱花时涂抹奶油或抹平奶油，或在食物脱模的时候分离食物和模具。一般情况下，有需要刮平和抹平的地方，都可以使用奶油抹刀。

齿形面包刀

齿形面包刀形如普通厨具小刀，但是刀面带有齿锯，一般适合用于切面包，也有人用来切蛋糕。

蛋糕脱模刀

蛋糕脱模刀是用来分离蛋糕和蛋糕模具的小刀，长约 20 ~ 30 厘米，一般有塑料或不锈钢制的，不伤模具。用蛋糕脱模刀紧贴蛋糕模壁轻轻地划一圈，倒扣蛋糕模即可使蛋糕与蛋糕模分离。

西点烘焙的主要原料

高筋面粉

高筋面粉的蛋白质含量在 12.5% ~ 13.5%，色泽偏黄，颗粒较粗，不容易结块，比较容易产生筋性，适合用来做面包。

低筋面粉

低筋面粉的蛋白质含量在 8.5%，色泽偏白，常用于制作蛋糕、饼干等。如果没有低筋面粉，也可以按 75 克中筋面粉配 25 克玉米淀粉的比例自行配制低筋面粉。

苏打粉

苏打粉俗称小苏打，又称食粉。在做面食、馒头、烘焙食物时经常会用到，比如做苏打饼干等。

酵母

酵母能够把糖发酵成酒精和二氧化碳，属于比较天然的发酵剂，能够使做出来的包子、馒头等味道纯正、浓厚。

泡打粉

泡打粉作为膨松剂，一般都是由碱性材料配合其他酸性材料，并以淀粉作为填充剂组成的白色粉末。常用来制作西式点心。

绿茶粉

绿茶粉指在最大限度保持茶叶原有营养成分的前提下，用绿茶茶叶粉碎成的绿茶粉末。它可以用来制作蛋糕、绿茶饼等。

动物淡奶油

动物淡奶油又叫做淡奶油，是由牛奶提炼而成的，本身不含有糖分，白色如牛奶状，但比牛奶更为浓稠。打发前需放在冰箱冷藏 8 小时以上。

植脂鲜奶油

植脂鲜奶油也叫做人造鲜奶油，大多数含有糖分，白色如牛奶状，比牛奶浓稠。通常用于打发后装饰在糕点上面。

黄油

黄油又叫乳脂、白脱油，是将牛奶中的稀奶油和脱脂乳分离后，使稀奶油成熟并经搅拌而成的。黄油一般应该置于冰箱存放。

白奶油

白奶油是将牛奶中的脂肪成分经过浓缩而得到的半固体产品，色白，奶香浓郁，脂肪含量较黄油低，可用来涂抹面包和馒头。

片状酥油

片状酥油是一种浓缩的淡味奶酪，由水乳制成，色泽微黄，在制作时要先刨成丝，经高温烘烤就会化开。

色拉油

色拉油是由各种植物原油精制而成的。制作西点时用的色拉油一定要是无色无味的，如玉米油、葵花油、橄榄油等。最好不要使用花生油。

糖粉

糖粉的外形一般都是洁白色的粉末状，颗粒极其细小，含有微量玉米粉。直接过滤以后的糖粉可用来制作西式的点心和蛋糕。

细砂糖

细砂糖是经过提取和加工以后结晶颗粒较小的糖。适当食用细砂糖有利于提高机体对钙的吸收，但不宜多吃，糖尿病患者忌吃。

蜂蜜

蜂蜜的主要成分有葡萄糖、果糖、氨基酸，还有各种维生素和矿物质。蜂蜜作为一种天然健康的食品，常用于制作面包。

白巧克力

白巧克力是由可可脂、糖、牛奶以及香料制成的，是一种不含可可粉的巧克力，但含较多乳制品和糖粉，因此甜度很高。白巧克力可用于制作西式甜点和蛋糕等。

黑巧克力

黑巧克力是由可可液块、可可脂、糖和香精混合制成的，主要原料是可可豆。适当食用黑巧克力有润泽皮肤等多种功效。黑巧克力常用于制作蛋糕。

果酱

果酱，别名果子酱，是将水果、糖以及酸度调节剂混合，经过 100℃ 左右的温度熬至呈凝胶状而制成的。果酱可以涂在面包、吐司或饼干上，十分美味鲜甜，色彩诱人。

脆皮蛋挞

【原料】低筋面粉 220 克，高筋面粉 30 克，片状酥油 180 克，鸡蛋 2 个

【调料】黄油、盐、细砂糖各适量

【做法】

1. 把低筋面粉、高筋面粉、细砂糖、盐、清水用刮板拌匀，揉搓成光滑的面团。在面团上放上黄油，揉成光滑的面团，静置 10 分钟。

2. 在操作台上铺一张白纸，放入片状酥油，包好，用擀面杖将片状酥油擀平，待用。把面团擀成片状酥油两倍大的面皮。将片状酥油放在面皮的一边，去除白纸，将另一边的面皮覆盖上片状酥油，折叠成长方块。在操作台上撒少许低筋面粉，将包裹着片状酥油的面皮擀薄，对折四次。

3. 将折好的面皮放入铺有少许低筋面粉的盘中，放入冰箱，冷藏 10 分钟，将上述步骤重复操作三次。在操作台上撒少许低筋面粉，放上冷藏过的面皮，将面皮擀薄。

4. 将圆形模具放在面皮上，压出四块圆形面皮，把圆形面皮放入蛋挞模中，沿着模具边缘捏紧。

5. 蛋挞液的做法：将清水、细砂糖依次倒入碗中，用搅拌器拌匀，至细砂糖溶化，把鸡蛋液倒入碗中，搅拌均匀，将蛋液过筛两遍至碗中，使蛋液更细腻，把过筛后的蛋液倒入量杯，再倒入蛋挞模中，至八分满即可。

6. 放入烤盘，把烤箱温度调成上火 200℃、下火 220℃，烤 10 分钟至熟即可。

德国裸麦面包

【原料】高筋面粉 500 克，黄油 70 克，奶粉 20 克，细砂糖 100 克，
　　　　盐 5 克，鸡蛋 1 个，水 200 毫升，酵母 8 克，裸麦粉适量

【做法】

1. 将细砂糖、水倒入玻璃碗中，用搅拌器
搅拌至细砂糖溶化。

2. 将高筋面粉、酵母、奶粉、糖水混合好，
揉成湿面团；加入鸡蛋，揉搓均匀；
加入黄油，继续揉搓，充分混合；加入
盐，揉搓成光滑的面团，用保鲜膜包裹
好，静置 10 分钟。取适量的面团，倒
入裸麦粉，揉匀。

3. 将面团分成均等的两个剂子，揉捏匀。
将面团放入烤盘，常温发酵 2 个小时。
将少量高筋面粉过筛，均匀地撒在面团
上。用刀片在生坯表面划出花瓣样划痕。

4. 将烤盘放入预热好的烤箱内，上火调为
190℃，下火调 190℃，烤制 10 分钟后，
戴上隔热手套将烤盘取出即可。

美味小叮咛

盐的作用是使面包更筋道，因此可以在面
粉成团后，大约 20 分钟的时候再放盐。

菠萝包

【原料】高筋面粉 500 克，黄油 107 克，鸡蛋 1 个，细砂糖 200 克，
低筋面粉 125 克，酵母、奶粉、蛋黄液各适量

【做法】

1.将 100 克细砂糖、200 毫升水拌成糖水；高筋面粉加酵母、奶粉、糖水、鸡蛋、70 克黄油，揉成面团。

2.面团分成 60 克/个，搓圆发酵。

3.低筋面粉加剩余的细砂糖、黄油和水揉成酥皮面团，分成 40 克/个，均擀薄，放在面团上，刷蛋黄液，划"十"字花形，入 190℃烤箱烤 15 分钟即可。

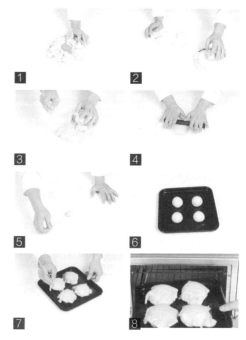

美味小叮咛

在面包表层刷上蛋液，可使烤出来的面包颜色更好看。

雪花面包

【原料】高筋面粉 500 克，黄油 70 克，奶粉 20 克，细砂糖 100 克，盐 5 克，鸡蛋 1 个，酵母 8 克，植物鲜奶油 200 克，吉士粉 45 克，低筋面粉 50 克，玉米淀粉 50 克

【做法】

1.将细砂糖、200 毫升水倒入大碗中，搅拌至细砂糖溶化，待用。把高筋面粉、酵母、奶粉倒在案台上，用刮板开窝，倒入备好的糖水，将材料混合均匀，并按压成形，加入鸡蛋，揉搓成面团。

2.面团稍微拉平，倒入黄油，揉搓至黄油与面团完全融合。加入盐，揉搓成光滑的面团，用保鲜膜将面团包好，静置 10 分钟。

3.去除保鲜膜，将面团分成大小均等的小面团。用电子秤取数个 60 克的小面团，将小面团揉搓成圆球形。

4.取 3 个小面团，放入烤盘中，使其发酵 90 分钟，备用。将 170 毫升水、低筋面粉、吉士粉、玉米淀粉倒入大碗中，用电动搅拌器搅拌均匀，加入植物鲜奶油，搅拌成雪花酱。

5.将雪花酱装入裱花袋中，用剪刀在裱花袋尖端部位剪开一个小口，以划圆圈的方式将雪花酱挤在面团上。

6.将烤盘放入烤箱中，以上火 190℃、下火 190℃烤 15 分钟至熟，取出烤盘，将烤好的雪花面包装入盘中即可。

法式面包

【原料】鸡蛋 1 个，黄油 25 克，高筋面粉 260 克，酵母 5 克，盐 1 克，
　　　　细砂糖 20 克，水 80 毫升

【做法】

1. 将酵母、盐、细砂糖放入装有 250 克高筋面粉的玻璃碗中，拌匀。将拌好的材料倒在案台上，用刮板开窝。

2. 放入鸡蛋、水，按压，拌匀。加入 20 克黄油，继续按压，拌匀，揉搓成面团，让面团静置 10 分钟。

3. 将面团揉搓成长条状，用刮板分成四个大小均等的小面团。将小面团用电子秤称出 2 个 100 克的面团，用擀面杖把面团擀成面片。

4. 从一端开始，卷成卷，揉搓成条状。把面团放入烤盘中，用小刀在上面斜划两刀。将面团发酵 120 分钟，把高筋面粉过筛至面团上，放入适量黄油。

5. 将烤盘放入烤箱，以上火 200℃、下火 200℃烤 20 分钟至熟，从烤箱中取出烤好的面包，装入盘中即可。

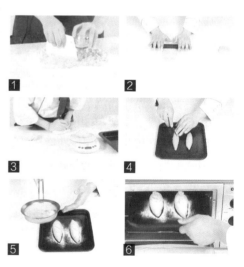

美味小叮咛

上等的法式面包，其外皮是脆而不碎，因此要掌握好烘焙的时间。

蜂巢蛋糕

【原料】鸡蛋 3 个，低筋面粉 93 克，细砂糖 150 克，食粉 15 克，炼奶 112 克

【调料】食用油 75 毫升，蜂蜜 18 克

【做法】

1. 将水、细砂糖、蜂蜜倒入奶锅中，边煮边拌匀，关火冷却。

2. 另取一容器，倒入炼奶、食用油、鸡蛋拌匀。

3. 将步骤 1 慢慢倒入步骤 2 中，拌匀后用滤网过滤。

4. 将低筋面粉、食粉混匀加入步骤 3 中，拌成蛋糕液。

5. 倒入锡纸模内八分满，以 140℃ 的温度烤 30 分钟即可。

美味小叮咛

有条件的话，面粉最好要过筛，而且要反复过筛 3 次，这样烤出的蛋糕口感会更加细腻。

鸳鸯芝士卷

【原料】低筋面粉 80 克，蛋黄 120 克，蛋白 150 克，细砂糖 100 克，粟粉、奶粉、泡打粉、可可粉、塔塔粉各适量

【调料】食用油 75 毫升，柠檬果膏适量

【做法】

1.将水、食用油混匀，加低筋面粉、粟粉、泡打粉拌匀。

2.加奶粉、蛋黄拌成面糊，取一半与可可粉拌匀。

3.将蛋清加塔塔粉、糖打发，分别放入 2 份面糊拌匀。

4.分别倒入烤盘抹平，入烤箱以 170℃烤 25 分钟取出。

5.将原色糕、可可色糕抹上柠檬果膏，重叠后卷起切块即可。

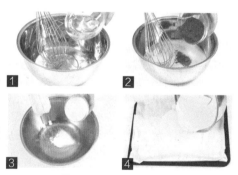

美味小叮咛

制作这款蛋糕时，也可加入除可可粉以外的其他粉类，如绿茶粉等。

千层面包

【原料】高筋面粉 170 克，低筋面粉 30 克，细砂糖 50 克，片状酥
油 70 克，鸡蛋 1 个，酵母 5 克

【调料】黄油 20 克，奶粉 12 克，盐 3 克

【做法】

1.将低筋面粉倒入装有高筋面粉的碗中，拌匀，倒入奶粉、酵母、盐，拌匀，倒在
案台上，用刮板开窝，倒入 188 毫升水、细砂糖，搅拌均匀。

2.放入鸡蛋，拌匀，将材料混合均匀，揉成湿面团，加入黄油，揉搓成光滑的面团。

3.用油纸包好片状酥油，用擀面杖将其擀薄，待用，将面团擀成薄片，制成面皮，
放上酥油片，将面皮折叠，把面皮擀平。

4.先将三分之一的面皮折叠，再将剩下的折叠起来，放入冰箱，冷藏 10 分钟，取出，
继续擀平，将上述动作重复操作两次，制成酥皮。取适量酥皮，将四边修平整，切
成两个小方块。

5.取其中一块酥皮，刷上一层蛋液，将另一块酥皮叠在上一块酥皮表面，制成面包
生胚，备好烤盘，放上生胚，刷上一层蛋液，撒上一层细砂糖。

6.预热烤箱，温度调至上火 200℃、下火 200℃。烤盘放入预热好的烤箱中，烤 15
分钟至熟，取出烤盘，将烤好的千层面包装盘即可。

甜甜圈

【原料】高筋面粉 250 克，酵母 4 克，蛋黄 25 克，黄油 30 克，奶粉 15 克

【调料】糖粉适量，细砂糖 50 克

【做法】

1. 将高筋面粉加细砂糖、酵母、奶粉和 100 毫升水拌匀。

2. 加入黄油拌匀，发酵 1 小时。

3. 揉搓面团，让面团松弛 15 分钟后擀成片状。

4. 用甜甜圈模具按压面团，再蘸上少许高筋面粉，发酵至 2 倍大。

5. 热油锅，放入生胚，用中小火炸 18 分钟捞出，凉后撒上糖粉即可。

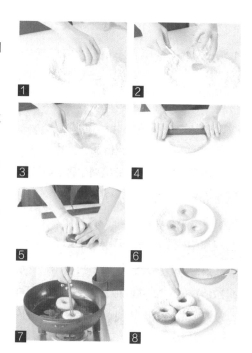

美味小叮咛

如果是冬天，可把甜甜圈面团放到烤箱里，放入一碗温水，或者是带有发酵功能的烤箱里，40～45℃，发酵 40 分钟。

丹麦羊角面包

【原料】高筋面粉170克，低筋面粉30克，黄油20克，片状酥油70克，

奶粉12克，酵母5克，鸡蛋1个，蜂蜜40克，鸡蛋液40克，

细砂糖50克，盐适量

【做法】

1. 将低筋面粉倒入装有高筋面粉的碗中，拌匀；倒入奶粉、酵母、盐，拌匀，倒在案台上，用刮板开窝；倒入88毫升水、细砂糖，搅拌均匀；放入鸡蛋，拌匀。

2. 将材料混合均匀，揉搓成湿面团；加入黄油，揉搓成光滑的面团；用油纸包好片状酥油，用擀面杖将其擀薄，待用；将面团擀成薄片，制成面皮；放上酥油片，将面皮折叠，把面皮擀平。

3. 先将1/3的面皮折叠，再将剩下的折叠起来，放入冰箱，冷藏10分钟；取出，继续擀平，将上述动作重复操作两次，制成酥皮。

4. 取适量酥皮，沿对角线切成两块三角形酥皮，用擀面杖将三角形酥皮擀平擀薄，分别将擀好的三角形酥皮卷至橄榄状生坯；备好烤盘，放上橄榄状生胚，将其刷上一层蛋液。

5. 预热烤箱，温度调至上火200℃、下火200℃。烤盘放入预热好的烤箱中，烤15分钟至熟。取出烤盘，在烤好的面包上刷上一层蜂蜜，将刷好蜂蜜的羊角面包装盘即可。

肉松起酥面包

【原料】高筋面粉 170 克，低筋面粉 30 克，细砂糖 50 克，黄油 20 克，片状酥油 70 克，奶粉 12 克，酵母 5 克，蛋液 40 克，肉松 30 克，鸡蛋 1 个，黑芝麻适量

【调料】盐 3 克

【做法】

1. 将低筋面粉倒入装有高筋面粉的碗中，拌匀；倒入奶粉、酵母、盐，拌匀，倒在案台上，用刮板开窝；倒入 88 毫升水、细砂糖，搅拌均匀。

2. 放入鸡蛋，拌匀，将材料混合均匀，揉搓成湿面团，加入黄油，揉搓成光滑的面团。用油纸包好片状酥油，用擀面杖将其擀薄，待用。

3. 将面团擀成薄片制成面皮，放上酥油片，将面皮折叠，把面皮擀平。先将 1/3 的面皮折叠，再将剩下的折叠起来，放入冰箱，冷藏 10 分钟。

4. 取出，继续擀平，将上述动作重复操作两次，制成酥皮。取适量酥皮，将其边缘切平整，将修平整的酥皮刷上一层蛋液。

5. 刷好蛋液的酥皮上铺一层肉松，将酥皮对折，折好的酥皮其中一面刷上一层蛋液，撒上适量黑芝麻，制成面包生胚，备好烤盘，放上生胚。

6. 预热烤箱，温度调至上火 200℃、下火 200℃，烤盘放入预热好的烤箱中，烤 15 分钟至熟。取出烤盘，将烤好的面包装盘即可。

柠檬司康

【原料】黄油60克，低筋面粉50克，高筋面粉250克，糖粉60克，
盐1克，柠檬皮末8克，泡打粉12克，牛奶125毫升，蛋
黄1个

【做法】

1. 将高筋面粉加低筋面粉、泡打粉、糖
   粉、盐、柠檬皮末、黄油和牛奶混匀
   揉成面团，用保鲜膜包好，冷藏半
   小时。

2. 取出面团，用手压薄，用模具在面团
   上压制成圆形生胚。

3. 把生胚放入烤盘，刷蛋黄液，入烤箱
   以上下火各180℃烤15分钟，取出
   装盘即可。

美味小叮咛

刷上蛋黄，可以使烤好的成品颜色更好看。

绿茶玛德琳

蛋白奶油酥

【原料】低筋面粉、绿茶粉、泡打粉、红
豆馅各少许，黄油65克，生奶
油30克，鸡蛋2个

【调料】细砂糖65克，盐少许

【做法】

1.将模具刷少许黄油，剩余黄油与生奶油
拌匀，加热融化。

2.将鸡蛋打散后，加细砂糖、盐、低筋
面粉、绿茶粉、泡打粉拌匀。

3.加入融化的奶油和红豆馅，拌匀成面团。

4.将面团装入贝壳模具至八分满，入预热
至170℃的烤箱烤20分钟，取出脱模
即可。

美味小叮咛

烤制时最好看着烤箱，如果贝壳周边
有明显的烤色即可出炉。

【原料】鸡蛋6个，巧克力蛋糕胚1个，
柠檬汁、巧克力碎、黑橄榄各
少许

【调料】细砂糖180克，巧克力酱适量

【做法】

1.将蛋白与蛋黄分开，取出蛋白；蛋白
加柠檬汁、细砂糖打发，取部分蛋白
装入裱花袋中。

2.烤盘上垫烘焙纸，放入巧克力蛋糕胚，
抹上剩余的蛋白，周围撒巧克力碎。

3.用装蛋白的裱花袋在表面挤出花纹，
入烤箱以120℃烤45分钟，取出后
挤上巧克力酱，装饰上黑橄榄即可。

美味小叮咛

烤箱温度不宜过高，低温烘烤，方能避
免制品表面焦糊而内部不熟不酥。

奶香曲奇

【原料】黄油 75 克，蛋黄 15 克，淡奶油 15 克，低筋面粉 80 克，奶粉 30 克，糖粉 20 克，细砂糖 14 克，玉米淀粉 10 克

【做法】

1. 取一个大碗，加入糖粉、黄油，用电动搅拌器搅匀，至其呈乳白色后加入蛋黄，继续搅拌；再依次加入细砂糖、淡奶油、玉米淀粉、奶粉、低筋面粉，充分搅拌均匀；用长柄刮板将搅拌匀的材料搅拌片刻；将裱花嘴装入裱花袋，剪开一个小洞，用刮板将拌好的材料装入裱花袋中。

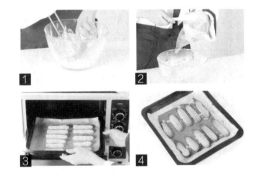

2. 在烤盘上铺一张油纸，将裱花袋中的材料挤在烤盘上，挤成长条形。

3. 将装有饼胚的烤盘放入烤箱，关上烤箱，以上火 180℃、下火 150℃烤 15 分钟至熟。

4. 打开烤箱，戴上隔热手套将烤盘取出，将烤好的曲奇饼装入盘中即可。

美味小叮咛

挤出材料时，每个曲奇饼之间的空隙要大一点，以免烤好后粘连在一起。

樱桃面包

红茶面包棒

【原料】高筋面粉 170 克，低筋面粉 30 克，黄油、奶粉、酵母、鸡蛋、片状酥油、樱桃各适量

【调料】细砂糖、糖粉、盐各适量

【做法】

1. 把低筋面粉、高筋面粉、奶粉、酵母、盐、适量清水、细砂糖、鸡蛋、黄油混合，揉成面团。

2. 用油纸包好片状酥油，擀薄。将面团擀成薄片，放上酥油片后折叠、擀平。将 1/3 的面皮折叠，再将剩下的折叠起来，冷藏 10 分钟。取出擀平，重复此操作两次，制成酥皮。

3. 取酥皮，用圆形模具压制出两个圆性饼胚。取其中一饼胚，用小一号圆形模具压出一道圈后取下。将圆圈饼胚放在圆形饼胚上方，制成面包生胚，放上樱桃。生胚放进温度为 200℃ 的烤箱，烤 15 分钟至熟，撒上糖粉即可。

【原料】高筋面粉 150 克，干酵母 2 克，红茶叶 3 克，黄油 20 克，牛奶 90 毫升

【调料】细砂糖、盐各适量

【做法】

1. 将高筋面粉加红茶叶、细砂糖、酵母、盐和牛奶拌匀。

2. 面结成团后，加黄油揉成团，盖上保鲜膜发酵 40 分钟。

3. 将面团揉搓成球状，松弛 10 分钟。

4. 用擀面杖把面团擀开成面皮，切成长条。

5. 移到烤盘，盖上保鲜膜发酵 40 分钟，入 180℃ 烤箱烤 20 分钟即可。

美味小叮咛

红茶用伯爵红茶包，味道更香。

草莓派

【原料】低筋面粉 200 克，牛奶 60 毫升，黄油 150 克，杏仁粉
　　　　50 克，鸡蛋 1 个，细砂糖 55 克

【装饰】草莓 100 克，蜂蜜适量

【做法】

1. 将低筋面粉倒在操作台上，用刮板开窝，倒入 5 克细砂糖、牛奶，用刮板搅拌匀，
加入 100 克黄油，用手和成面团，用保鲜膜将面团包好，压平，放入冰箱冷藏 30
分钟。

2. 取出面团后轻轻地按压一下，撕掉保鲜膜，压薄；取一个派皮模具，盖上底盘，
放上面皮，沿着模具边缘贴紧，切去多余的面皮，再次沿着模具边缘将面皮压紧。

3. 将 50 克细砂糖、鸡蛋倒入容器中，快速拌匀，加入杏仁粉，搅拌均匀，倒入 50
克黄油，搅拌至糊状，制成杏仁奶油馅。

4. 将杏仁奶油馅倒入模具内，至五分满，并抹匀，把烤箱温度调成上火 180℃、下
火 180℃，将模具放入烤盘，再放入烤箱中，烤约 25 分钟，至其熟透。

5. 取出烤盘，放置片刻至凉，去除模具，将烤好的派皮装入盘中，沿着派皮的边缘
摆上洗净的草莓，再在草莓上刷适量蜂蜜即可。

香蕉蛋糕

【原料】黄油 100 克，低筋面粉 160 克，鸡蛋 2 个，香蕉、生奶油、
黑巧克力、泡打粉、烘培苏打各适量

【调料】黄糖 60 克，盐少许

【做法】

1. 将黄油打散，加黄糖拌匀，分 2 次加入鸡蛋，拌匀。

2. 加过筛的低筋面粉、泡打粉、烘焙苏打和盐拌匀。

3. 另取一碗，加香蕉，捣碎后加生奶油拌匀。

4. 将步骤 2 和 3 混合，加入切碎的黑巧克力拌匀。

5. 装到模具里，放入预热到 170℃ 的烤箱烤 40 分钟即可。

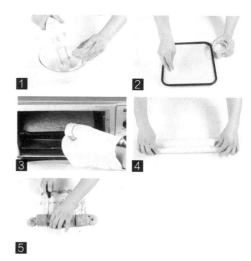

美味小叮咛

选购香蕉时，以果指肥大、果皮外缘陵线较不明显、果指尾端圆滑、有梅花点者较佳。不要选表皮泛黑、干枯皱缩的香蕉。

瓦那蛋糕

【原料】鸡蛋5个，蛋黄液10克，牛奶35毫升，低筋面粉145克，泡打粉1克，黄油150克，细砂糖180克，盐少许

【做法】

1. 低筋面粉加细砂糖、鸡蛋、黄油、泡打粉、盐、牛奶，拌匀成蛋糕浆。

2. 倒入烤盘中，抹平，入预热好的烤箱以上火170℃、下火130℃烤20分钟。

3. 取出烤盘，在蛋糕上刷蛋黄液，再入烤箱烤6分钟。

4. 取出蛋糕，切成长块状装盘即可。

美味小叮咛

面糊搅拌的时间不宜过长，否则会使做出来的蛋糕发硬。

摩卡蛋糕

【原料】低筋面粉100克，鸡蛋5个，牛奶30毫升，可可粉、咖啡粉、打发鲜奶油各适量，细砂糖150克，食用油少许

【做法】

1. 将低筋面粉加鸡蛋、细砂糖、咖啡粉、可可粉拌匀，边加牛奶和食用油边搅拌，拌成蛋糕浆。

2. 将蛋糕浆倒入垫有烘焙纸的烤盘中，以上下火各170℃烤20分钟。

3. 取出蛋糕，撕去烘焙纸，在蛋糕上抹打发鲜奶油。

4. 将蛋糕卷成圆筒状，并切成小长段，装盘即可。

美味小叮咛

卷好的蛋糕可放入冰箱冷冻一会儿，这样更方便定形。

布朗尼芝士蛋糕

【原料】黄油 50 克，黑巧克力 50 克，细砂糖 90 克，鸡蛋 100 克，低筋面粉 50 克，芝士 210 克，牛奶 80 毫升

【做法】

1. 将黑巧克力、黄油倒入容器中，置于热水内，慢慢地搅拌一会，至材料融化，制成巧克力液，待用。

2. 取一大碗，倒入 50 克细砂糖、40 克鸡蛋，搅打一会儿，放入低筋面粉，搅拌匀，再注入 20 毫升牛奶，边倒边搅拌，最后倒入巧克力液，搅拌匀，制成面糊，倒入模具中，摊平，待用。烤箱预热，放入模具。

3. 关好烤箱门，以上、下火均为 180℃的温度烤约 10 分钟，至食材熟软，断电后取出模具，备用。

4. 将 40 克细砂糖、60 克鸡蛋倒入容器中，搅拌匀，放入芝士，搅散；再倒入 60 毫升牛奶，边倒边搅拌，至材料充分融合，制成芝士糊，待用；取备好的模具，慢慢倒入芝士糊，摊开、铺匀；烤箱预热，放入模具。

5. 关好烤箱门，以上、下火均为 160℃的温度烤约 20 分钟，至食材熟透，断电后取出模具，放凉后脱模即成。